LEMURIA y ATLÁNTIDA

De

Santiago Martínez Concha

INDICE:

I- INTRODUCCIÓN……………………………………………………………….3

II- LA VERDADERA ATLÁNTIDA EN EL FONDO DEL MAR Y MODELOS……..16

III- LA CABEZA CON DOS CUERNOS Y EL CUERPO DEL GRAN DRAGON…28

IV- EL GRAN CONTINENTE DE MU O LEMURIA……………………………38

V- ÁFRICA, EGIPTO, LAS PIRÁMIDES Y LOS REYES AZULES………………52

VI- MADAGASCAR………………………………………………………71

VII- EL MAR ROJO…………………………………………………………..72

VIII- EL ESTRECHO DE GIBRALTAR………………………………………73

IX- EUROPA………………………………………………………………...76

X- LAS CIVILIZACIONES MAS ANTIGUAS EN EL FONDO DEL MAR………….81

XI- OTRAS CIVILIZACIONES CONECTADAS CON LA ATLÁNTIDA……………84

XII- SURAMÉRICA…………………………………………………………86

XIII- NORTEAMERICA Y MEXICO…………………………………………94

XIV- ARABIA………………………………………………………………96

XV- LA IRA DE DIOS………………………………………………………97

XVI- ANTÁRTICA……………………………………………………………98

XVII- CIRCULO POLAR ÁRTICO……………………………………………99

XVIII AUSTRALIA……………………………………………………………106

XIX- LAS ISLAS Y LOS GRANDES LAGOS…………………………………107

XX- HAWAI, CANADÁ, Y ESTADOS UNIDOS………………………………113

XXI- RUSIA, INDIA Y CHINA………………………………………………116

XXII- CONCLUSIONES Y BREVE SEMBLANZA DEL AUTOR………………123

I

INTRODUCCIÓN

Al final de esta impresionante investigación, la cual me ha tomado muchos años, el lector podrá encontrar un resumen de mi curriculum-vitae. Muchas de las fotografías aquí mostradas fueron tomadas por mí, otras fueron gracias a una asociación entre Google y Panorama, la cual es hoy día inexistente. Infortunadamente algunos pocos sitios se han modificado debido al vandalismo o al proceso de desarrollo, pero en su gran mayoría todo permanece como aquí se muestra. Cuando comencé con mis hallazgos consulté con mi director espiritual si debía continuar con mi trabajo, pues a mí me sobresaltaba lo que estaba viendo, él insistió que continuara y añadió que Dios quería algo de mí y que Él me mostraría el camino.

De la misma forma como la humanidad adquirió con la aparición misteriosa de la conciencia la percepción y el conocimiento de la existencia de Dios, intuyó desde siempre la existencia de una civilización más antigua y desarrollada que la propia. Esa civilización a la que me refiero, perdida y olvidada en la conciencia del tiempo es aquella que pretendo buscar y de alguna manera tocar o sacar de nuevo a la luz de este siglo.

Desconozco el final de esta aventura que emprendo y los resultados de la misma. Trataré de combatir el miedo a lo desconocido y a sacar fortaleza de la curiosidad que me embarga. Por otra parte, intuyo que nunca volveré a ser el mismo y que de alguna manera, esa expansión de la conciencia que lograré al hundirme en las raíces de la protohistoria, adquiriendo conocimientos hasta ahora desconocidos por mí, alimentará con mis hallazgos el entusiasmo del camino a seguir.

Soy consciente de lo limitadas que son las herramientas que poseo para hurgar como un topo en los anales del pasado. No tengo las llaves de los "Archivos Akáshikos" descritos por Edgar Cayce en sus trances autoinducidos, los cuales, según él, se encuentran en un recinto secreto bajo tierra, que conecta el templo funerario con la Esfinge de Giza y con la Gran Pirámide de Keops, ni poseo el código secreto del Libro de la Vida. Tampoco soy brujo, ni vidente, ni maestro, ni nada por el estilo. Sin embargo, tengo lo que todos tenemos desde el momento que nacimos: la capacidad de intuir y de caminar de la mano de ese Gran Ordenador que para algunos de nosotros es Dios.

La Biblia afirma que al final de los tiempos los niños y los viejos tendrán sueños y visiones que iluminarán el camino a seguir de muchos que los escuchen. Al pensar en esto es necesario discernir porqué es a estos dos grupos de personas a los que se refiere la Biblia. ¿Que tienen los niños y los viejos que los demás no tienen? Es obvio que la cualidad que salta a la vista en los niños es la ingenuidad. La Biblia no está escrita para los sabios o los inteligentes pues estos no sienten que la necesitan y, al contrario, la desprecian muchas veces debido al orgullo que genera la humana sabiduría. Mas bien pareciera que la Biblia está escrita para los ignorantes, los ingenuos y humildes de corazón, para aquellos que se parecen a los niños. Si de alguna manera las palabras allí escritas tocan al inteligente y al soberbio es para humillarlo y devolverlo al camino de lo esencial en la búsqueda del camino de lo eterno.

Si el espíritu de Dios les habla a los niños y a los viejos en sueños y visiones eso es comprensible. Es como si el afán del cada día nos impidiera ver la realidad, lo que es verdaderamente importante a medida que se aceleran los tiempos en el vértigo del fin de la historia como la conocemos.

Y es a través de los sueños y visiones de los más pequeños e indefensos que el más grande nos habla. Esta técnica de Dios es muy clara, constante y conocida, en donde él demuestra su fortaleza utilizando al más débil. La Biblia está llena de ejemplos de esta naturaleza, en donde Dios muestra su predilección por los indefensos, los viejos, las viudas y los niños.

Recordemos entre otros el caso del pastor David y el gigante Goliat y los casos de Jacob cuando estaba atado y estuvo a punto de perecer a manos de su propio padre Abraham, José vendido por sus hermanos y quien llegara a ser el más alto ministro que gobernara Egipto, Moisés recién nacido y abandonado en una canastilla untada de brea y a la deriva en las aguas del Nilo, quien llegara a ser considerado medio hermano del faraón Ramsés II y fuera el gran patriarca y dirigente del pueblo judío, logrando arrancarle al faraón de sus garras su propio pueblo, después de la décima plaga en vísperas de la pascua judía en la que perecieron por parte del ángel exterminador todos los primogénitos de los hijos de los egipcios. Este terrible hecho, logró persuadir a Ramsés de permitir la salida de los judíos de Egipto, propiciando posteriormente con la intervención Divina el más grande milagro descrito en el Antiguo Testamento, considerado como el paso del Mar Rojo, en donde pereció ahogado el ejército egipcio, tragado literalmente por dos columnas de agua que lo sepultara en el fondo del mar. Moisés, pasó de ser ese niño a punto de perecer ahogado convirtiéndose en el más grande entre los grandes. Fue escogido por Dios para recibir las Tablas de la Ley, escritas en piedras de zafiro. Al hacer llover maná del cielo, de nuevo con la intervención Divina, pudo alimentar a su pueblo durante la dura travesía por el desierto en busca de la tierra prometida.

Otros casos notables son el de Judit quien diera a muerte al comandante Holofornes cortándole la cabeza e impidiendo con ello la destrucción del ejército judío, Tobít, quien ya viejo, fuera rescatado de la ceguera y de la muerte por el mismo arcángel san Rafael, su hijo Tobías quien gracias a la intervención del mismo arcángel recuperó su herencia, consiguió esposa, expulsó a Egipto al demonio Asmodeo y le devolvió la vista a su padre, Daniel en el foso de los leones, quien también fue protegido por los ángeles, los cuales impidieron que fuera comido por fieras hambrientos y quienes al mismo tiempo lo alimentaron durante tres días en ese sitio, Sara, mujer atormentada por el demonio de la carne citado antes, quien diera muerte a siete maridos en su noche de bodas cuando intentaban penetrarla y Ester, entre muchos otros, quien fuera calumniada por los consejeros de su marido, el propio rey y a quien le fue devuelta la honra en una dura prueba de fe, siendo el máximo exponente de los indefensos, el mismo Dios encarnado en ese niño Jesús nacido en un pesebre, debido a la huída de su madre, protegiéndole de la matanza de los inocentes y de la persecución del cruel

Herodes, y, entre otros, Susana quien fuera liberada de la calumnia que contra ella habían inventado dos ancianos resentidos cuando ella se negó a tener sexo con ellos, con la consecuente condena y pena de muerte de los mismos.

La frase de san Pablo entonces es muy clara cuando afirma en la II Epístola a los Corintios:

Mi gracia es suficiente para ti porque el poder se perfecciona en la debilidad".

La cualidad de los viejos que sobresale de todas es la experiencia, raíz de la verdadera sabiduría. Muchos de ellos han sido y serán los portadores de sueños y visiones extraordinarias. Unos de los sueños más impresionantes de todos los tiempos, con un carácter profético indiscutible fueron los de Nabucodonosor II contemporáneo de Abraham, los cuales rigieron el destino de su reino. Otros son los del profeta Daniel sobre el fin de los tiempos. El caso clásico de una visión maravillosa y misteriosa que hoy día está a la puerta y en boca del universo entero es el Apocalipsis de San Juan, experimentada por este último cuando tenía 70 años y estaba ciego y solo en la isla de Patmos. Fue entonces cuando su espíritu fue arrebatado y tuvo la visión que hoy día estremece al mundo. Una visión que recuerda que nuestro tiempo de maldad ha terminado y nos lleva de vuelta a esa terrible visión experimentada por Baltasar, rey de Babilonia, hijo de Nabucodonosor II y narrada en el Antiguo Testamento. Esa noche terrible, el mismo rey ordenó sacar los vasos sagrados, los cuales habían sido robados por su padre Nabucodonosor del Templo de Jerusalén y profanándolos les dio de beber en ellos a sus invitados y a sus concubinas en medio de un orgiástico festín y de los estertores de la carne, del olor a orín y al sudor de las danzantes y de las risas y las burlas de sus mil invitados. Repentinamente en medio de aquel bullicio, apareció una mano misteriosa la cual escribió sobre el muro de cal y piedra del salón de los banquetes la siguiente frase: *"Mene Mene Tequel Parkin"*, lo cual quiere decir: *"Tu tiempo ha terminado"*. Esa noche, Baltasar murió desnucado, cuando ebrio y al galope salió huyendo despavorido del salón de los banquetes, su pelo se enredó en las ramas de un árbol, quedando colgado allí como un títere para escarmiento de todos. Y fue en esa misma noche de su muerte que su reino cambió de manos. Babilonia fue incendiada y destruida, habiendo sido su ejército derrotado por Ciro I rey de Persia.

El profeta es portador de la llave para conocer un futuro inminente. El apetito por conocer el futuro es desde tiempo inmemorial bien conocido y la lista de ambos sexos de profetas, brujos, chamanes, hechiceros y sacerdotes, altares, oráculos y sistemas para lograrlo es interminable. Muy pocos hablan del pasado y si lo hacen es para anunciar la similitud con el futuro que se avecina. Los ejemplos del Diluvio Universal y de Sodoma y Gomorra son utilizados por el mismo Jesús para anunciar la inmediatez y lo inesperado que será el momento de la llegada del más terrible azote sufrido por el hombre: los tiempos de la Gran Tribulación, con una duración de unos tres años y ocho meses los cuales se encuentran a la puerta de esta generación sin duda alguna, malvada y perversa.

Pero eso no es todo, si lo más terrible está por venir, también lo más grande será vivido por el tercio que quede de esa humanidad que sobreviva la Gran

Tribulación. Después vendrá una era de paz y de felicidad, sin lágrimas ni dolor a la que todos quisiéramos, de alguna manera, llegar y conocer. Si el más terrible de los acontecimientos vividos por el hombre dejará supervivientes de acuerdo a lo profetizado, entonces es posible que, de esa catástrofe o cadena de ellas, de un grado inferior a las que provocaron en forma gradual o inmediata las desapariciones de Lemuria y de la Atlántida queden remanentes... y esos podríamos ser nosotros.

Si el tiempo existe o no es un debate físico-filosófico de gran complejidad dependiendo de la óptica con que se mire. Una cosa es medir el tiempo en forma cuántica, o sea, dividirlo en eones o años luz, años terrestres, días, horas, segundos, milésimas y millonésimas de segundo, y otra imaginarlo como un instante en donde todo el tiempo que existe converge en un punto antes que se desasociara del espacio, lo que cual nos remontaría necesariamente al tercer segundo después del Big-Bang. Mirado de esta forma, entonces el tiempo comprimido en ese punto nos permitiría conocerlo todo en un instante, pero esa cualidad del tiempo a la cual llegamos utilizando la lógica más simple, sólo puede utilizarla o ser vivida en forma total, inmediata y permanente por el Creador Supremo.

Si bien es cierto que Dios no nos niega la posibilidad de viajar por el tiempo, tampoco nos permite el paso a lo eterno sin su ayuda. Es extraña la paradoja que tengamos que morir para ser eternos, pero al mismo tiempo es comprensible: Es imposible por nuestros propios medios, cargar con el peso de nuestra propia materia para trascender al ámbito de lo eterno. La transfiguración de Jesús en el monte Tabor frente a tres de sus apóstoles y la que observó María Magdalena y muchas otras personas después de la Resurrección, son relatos extraordinarios que nos hacen pensar que Jesús en esos momentos estaba viviendo en dos dimensiones simultáneas y paralelas: la de este mundo y otra eterna, en donde su propia materia había trascendido y se había unificado con su propia energía, participando de ese instante eterno en donde espacio, materia y energía son lo mismo y eso es lo que yo llamo el mundo o el ámbito de Dios.

Utilizando esta explicación, entonces sería posible entrar en contacto o viajar a un punto específico dentro del continuo espacio-tiempo. En teoría, todo lo que tengo que hacer, es prepararme en ese viaje asistido por Dios, utilizando las armas de la oración y la meditación y dejando fluir en forma libre mi energía o, en otras palabras, liberando a través de la meditación, las cadenas que atan mi alma con mi cuerpo para así poder ver algo de ese instante supremo de tiempo comprimido.

Monte Hermón, entre el Líbano y Senir, en su cima, de acuerdo a lo narrado en el "Libro de los Gigantes" del profeta Enoc, juraron los 200 ángeles caídos liderados por Shemihaza, declarando anatema aquel que no lo hiciera.

Foto Google -Panorama 2005.

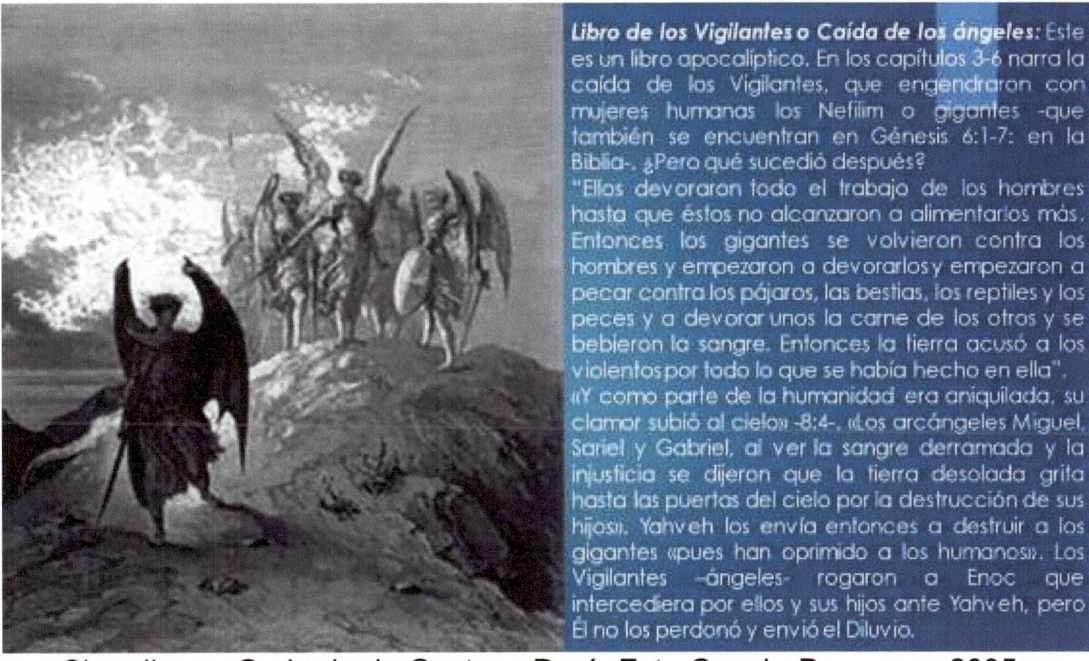

Shemihaza, Grabado de Gustavo Doré. Foto Google-Panorama 2005.

Otras de las herramientas con que cuento son extrañas pruebas arqueológicas las cuales yo llamo las "pruebas erráticas". Si el lector está familiarizado con mi primer libro sobre la protohistoria llamado "La Conexión Atlante", entonces sabrá de que hablo. Sin embargo para aquellos que son legos en este campo, Una prueba errática es una pista o un hecho manifestado a través de un objeto muy antiguo, el cual desbarata el concepto o el andamiaje científico vigente, formando parte o proponiendo un rompecabezas diferente En ese, mi primer libro sobre estos temas, publiqué un acopio lo suficientemente largo de pruebas erráticas las cuales eran capaces por sí solas de desmentir el proceso evolutivo e histórico como nos lo han contado los científicos, arqueólogos, antropólogos e historiadores por igual y pretendí desenmascarar otras verdades innegables sobre la existencia de bases presentes y civilizaciones pretéritas en Marte y en la Luna. El acopio de "verdades suficientes" como yo las llamo, son tal, que sería necio desmentir lo que afirmo sin antes haberse ilustrado lo suficiente.

En mi búsqueda de pruebas sobre la existencia de Lemuria, me encontré forzosamente con los textos védicos y con las tradiciones sagradas hindúes las cuales hacen referencia a Lemuria o, en otras palabras, tocan el gran continente de Mu. Si bien es cierto que en mi primer libro decidí no profundizar tanto sobre este gran continente y más bien me concentré en la Atlántida y en acontecimientos relativamente recientes concernientes a las tradiciones babilonias relativas a la época del Diluvio, también es cierto que toqué algunos aspectos más antiguos narrados en las crónicas de Beroso y Abideno, historiadores babilonios, los cuales hacen referencias a épocas aún más antiguas que se remontan aproximadamente a unos 450.000 años atrás.

> 9...Entonces los gigantes se volvieron contra los humanos para matarlos y devorarlos -Salmos 14:4; Miqueas 3:3-
>
> Y empezaron a pecar todos contra los pájaros del Cielo y contra las bestias de la tierra, contra los reptiles y contra los peces del mar y se devoraban los unos la carne de los otros y bebían sangre. -Jeremías 12:4-
>
> Entonces la Tierra acusó a los impíos por todo lo que se había hecho en ella. -Génesis 6:5,11,13; Apocalipsis 12:16-
>
> -Capítulo 8-
>
> Y 'Asa'el enseñó a los hombres a fabricar espadas de hierro y corazas de cobre y les mostró como se extrae y se trabaja el oro hasta dejarlo listo y en lo que respecta a la plata a repujarla para brazaletes y otros adornos.
>
> A las mujeres les enseñó 'Asa'el sobre el antimonio —un semimetal que en forma de pasta negra que fue ampliamente usado por los egipcios para maquillarse los ojos-.
> Y entonces creció mucho la impiedad y ellos tomaron los caminos equivocados y llegaron a corromperse en todas las formas.
>
> Shemihaza enseñó encantamientos y a cortar raíces; Harmoni a romper hechizos, brujería, magia y habilidades afines. Baraq'el los signos de los rayos; Kokab'el los presagios de las estrellas Zeq'el el de los relámpagos; Ar'taqof enseñó las señales de Tierra; Shamsi'el los presagios del Sol y Sahari'el los de la Luna y todos comenzaron a revelar secretos a sus esposas.
>
> Como parte de los hombres estaban siendo aniquilados, su grito subió hasta el Cielo. -Éxodo 3: 7-9-

Apartes del "Libro de los Gigantes" del profeta Enoc.

Lo que hace más difícil la labor del investigador de estos temas, es que la civilización de la Atlántida y de Lemuria lograron coexistir en forma simultánea durante un largo tiempo sobre el planeta. Esto complica las cosas, pues al ser ambas dependientes de su contacto con el mar, muchos objetos y pruebas erráticas se desplazaron por el comercio o las guerras y algunas civilizaciones llegaron a adoptar o utilizar ciertos objetos tenidos como sagrados, los cuales venían de sitios distantes y desconocidos para aquellas culturas que los utilizaron o los reverenciaron. Un caso clásico son algunos de los cráneos de cristal capaces de formar imágenes holográficas o en tercera dimensión en su interior, cuando se les aplica un campo eléctrico de cierta magnitud, tal como lo comprobaron los experimentos realizados por la Hewlett Packard en uno de los más antiguos. Algunos de estos cráneos tienen según los expertos 100.000 o más años de antigüedad, y esto, al relacionarlo con la época del Diluvio Universal hace unos 12.000 años, establece una asincronía o gran diferencia en tiempos entre estas culturas. Por otra parte, uno de los sitios en donde fue encontrado unos de estos cráneos, fue escondido en una de las pirámides Mayas en Centroamérica y todos sabemos que dichas culturas no son tan antiguas como los cráneos a que me refiero, entonces, cabe la pregunta: ¿De dónde vinieron? ¿Quién los fabricó?, ¿Con qué propósito?

Sin duda, cuando aparecen objetos como los mencionados, estos son el legado de una civilización más sabia que la nuestra y que con su conocimiento, conocedora de su propia desaparición, decidió dejarnos su legado como una advertencia para nuestro futuro. Esa civilización fue Lemuria, una más antigua que la misma Atlántida.

La humanidad siempre ha tenido como mitos la desaparición del continente de Mu y aquel de Lemuria, sin embargo, nos quedan vestigios y testimonios que prueban que esos continentes existieron y que, como afirma el filósofo Platón unos 3 siglos a.C. en sus Diálogos de la Ancianidad, en la antigüedad "mil destrucciones de hombres han sucedido y mil más volverán a suceder." La existencia de la Isla de Pascua, una que formó parte como un apéndice del Continente de Mu en el Océano Pacifico, con su extraño lenguaje el "Rapa-Nui", el cual hasta hoy desconocemos y sus extrañas y gigantescas cabezas que afloran siempre mirando al mismo sitio, nos hacen pensar en una herencia más allá de nuestra capacidad de comprensión, pero dan parte de que algo grande existió y marcó a sus habitantes para siempre.

Lo mismo sucedió con la Atlántida. Al no encontrarla los científicos y exploradores del mar decidieron buscarla en sitios equivocados y confundieron los "modelos de colonización atlante" con su verdadera forma y localización donde afirmaba Platón que se había hundido. El afán desmesurado de gloria y la justificación del gasto de enormes fortunas destinadas a su búsqueda, los llevó a formular falsas hipótesis y descubrimientos. Unos afirmaban que la Atlántida se encontraba o era parte de la Isla de Santorini en el Mar Mediterráneo, pero ignoraban o borraban de un plumazo que Platón afirmaba que la **"Isla-Continente"** tenía una superficie equivalente a Libia y Asia Menor (la actual Turquía) combinadas, o en otras palabras **5.125.000 km2**, superficie la cual la descalificaba por completo para ser parte de la Isla de Santorini o encontrarse sumergida en el Mediterráneo, ya que ni siquiera hubiese cabido allí. Otros aseguraron que la Atlántida era la Isla de Spartel que se encontraba sumergida frente a las costas de España. Esos también se equivocaron, pues ni la forma, ni el tamaño concordaban con lo descrito por Platón. Hubo otros que la localizaron en el Polo Norte o en la Antártica, y no faltó uno llamado Jim Allen quien afirmara que se encontraba en Bolivia. Y asi, podría seguir citando hallazgos equivocados, pero tal vez el que más se acercó al verdadero descubrimiento fue un sacerdote jesuita en el s.XVI quien la localizó exactamente donde Platón decía que estaba, pero, ni su forma, ni sus características principales concordaban, pues confundió el Sur y el Norte. Claro que en aquella época no existían las fantásticas herramientas tecnológicas con que contamos hoy en dia, y Google Earth se demoraría otros 500 años en aparecer. Y fue entonces cuando con completa ingenuidad decidí encontrarla con las herramientas tecnológicas con que contaba y la encontré sumergida en el Océano Atlántico donde Platón decía que estaba, y con todas las características descritas por él.

II

LA VERDADERA ATLÁNTIDA

En el fondo del mar y los Modelos de Colonización Atlante.

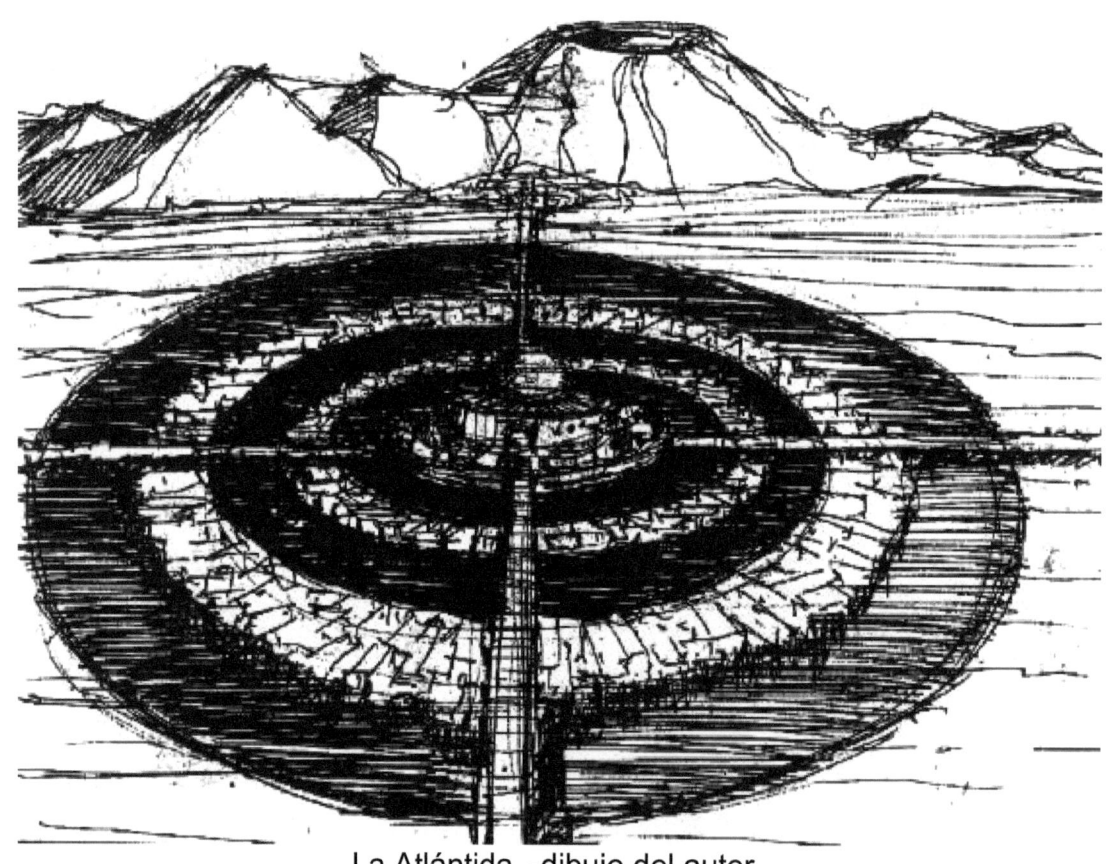
La Atlántida, -dibujo del autor.

Desde el momento en que fueron anunciados por la BBC de Londres y otros diarios europeos algunos descubrimientos relacionados con la Atlántida durante los años 2003 y 2004, los cuales la localizaban sobre las costas de España o la confundían con la isla sumergida de Spartel frente a Gibraltar o en el fondo del

Mediterráneo vecina a Chipre, supe que todos esos informes eran falsos o incompletos y que ninguno cumplía con todo lo descrito por Platón. Acababa de descifrar a Tiahuanaco, Ollantaytambo y Machu Picchu y había entendido que las construcciones tridimensionales de esas culturas, no estaban para ser vistas solamente a nivel de suelo, sino primordialmente desde el aire. Todas esas pistas me llevaron a descubrir a la verdadera Atlántida en el centro del Atlántico, ajustándose en todos los detalles al relato de Platón en el Timeo y el Critias. Como un 'hereje solitario' de la historia y de la ciencia, espero compartir mis descubrimientos, como un regalo y una advertencia para la humanidad del presente.

Una noche me encontraba estudiando la cartografía del fondo del mar, cuando realicé varios hallazgos extraordinarios. Me di cuenta que el modelo de urbanismo seguido por los Atlantes para desarrollar sus colonias, no solamente era circular como lo afirmaba Platón, sino que una vez el diámetro alcanzaba cierta dimensión, el modelo se repetía nuevamente, anexándose al modelo principal.

Pero fue cuando descubrí que la ciudad sagrada de Ollantaytambo en el Perú era un buitre gigantesco con enormes alas extendidas para ser vista a miles de metros desde el suelo, la que me dio la clave. La verdadera Atlántida tendría que estar de alguna manera vinculada a la cabeza de un buitre o un dragón con las alas extendidas en el fondo del mar, y en su centro Poseidonia –la Capital de la Atlántida–, con el Templo de Poseidón, el cual debería mostrar su inmensa bóveda de 90 metros de diámetro, la más grande jamás construida por la humanidad -y forrada enteramente en oro en su interior-. Si la bóveda había sido destruida por el cataclismo que hundió la isla, al menos debiera verse un pequeño hueco o cráter en el centro de Poseidonia.

¡Comencé a buscar el dragón y pronto lo encontré! Estaba allí, en medio del Atlántico, con las alas extendidas, las cuales formaban la cadena de montañas sumergidas conocidas como el Risco del Atlántico Medio. La cabeza del dragón era claramente visible, lo mismo que sus cuernos y por encima de ella, aún sobresalían los picos de las Islas Azores. Sentí un escalofrío cuando la encontré, allí estaba el que había sido llamado también por la Biblia la 'Serpiente Antigua', el 'Diablo' o 'Satanás', y ¡en el centro de su cabeza se encontraba la ciudad circular de la Atlántida! Como urbanista, pronto me di cuenta que la descripción de Platón era exacta, nunca lo dudé. También descubrí que lo que él proponía como modelo de colonización en base a círculos concéntricos, había sido, hasta cierto punto, mal interpretado. Los atlantes habían colonizado su territorio utilizando un sistema idéntico al empleado por los israelitas en la conquista del desierto con los 'Kibutz'. Si bien era cierto que cada una de sus ciudades se armaba en forma concéntrica, cuando llegaba a un límite de expansión, comenzaba una nueva etapa de colonización con otro templo en el centro, dedicado a Poseidón o a cualquier otra deidad menor. Rápidamente pude identificar unos 4 centros o polos de desarrollo, pero había otros más.

Otra pista inequívoca, era que Platón explicaba como en uno de los extremos de la isla, se encontraba la 'dársena' del puerto principal, o sea, una inmensa bocana que le daba un acceso subterráneo a Poseidonia, en donde cabían ¡hasta

130 barcos! y la cual se comunicaba a través de canales subterráneos y otros sobre la superficie, con el templo, el cual se hallaba en el centro. Volví a estudiar mis hallazgos y allí estaba el Templo de Poseidón, fácilmente identificable, con el lugar donde había estado la bóveda, marcada por un punto oscuro, en el centro de la ciudad ¡pero lo más increíble, fue encontrar la 'bocana', la cual coincidía exactamente con la boca del dragón! Sentí como se me erizó la piel con mi descubrimiento. Llevaba muchos años siguiéndole la pista a los innumerables vestigios de la cultura atlante y finalmente ya no me quedaban dudas. Ninguno de los descubrimientos anunciados anteriormente como la Atlántida, coincidían en un todo con lo propuesto por Platón, solamente el que yo había realizado cumplía con todos los requisitos. He aquí algunos de los más notables que pude corroborar con precisión:

Nota: Una confusión reinante, es que los que han buscado la Atlántida, han confundido la Isla-Continente con la ciudad de Poseidonia. Ambas tienen tamaños y formas diferentes. La primera es rectangular y tiene 5.125.000Km.2. La segunda es circular y la "Llanura Oblonga" donde se encuentra en su centro, no sobrepasa los 150 Km. de largo.

1) Existió una vez un 'Gran Continente' en medio del Atlántico, como lo demuestran la topografía y las muestras de lava extraídas por los rusos hace muchos años del centro del Atlántico Central las cuales forzosamente se enfriaron en su contacto con la superficie.

2) Existió una Isla-Continente localizada en medio del Atlántico. Después de sucesivos hundimientos quedó una Isla-Continente de forma

rectangular en medio del Atlántico, la cual coincide en forma y en tamaño con el relato de Platón, el cual cuenta que era **como Libia y Asia Menor combinados, o sea unos 5.125.000 Km.2 aproximadamente.**

3) La forma circular, de colonización de la isla, partiendo de círculos concéntricos conectados entre sí, así como de terrazas de cultivo en forma escalonada, fue copiada, por múltiples civilizaciones, unas hoy día sumergidas y otras no, como las de los incas, los canarios, los chinos, los babilonios, los hebreos, los tayronas y los koguis. Véanse fotos siguientes.

4) Todos los modelos presentaban un templo en el centro. Poseidonia cumple con las medidas propuestas por Platón, traduciéndolas a kilómetros, el primer anillo donde estaba el templo con unos 11 Km. de diámetro, el segundo –muralla exterior- con 71 Km. de diámetro y los últimos-zonas agrícolas-, entre 150-200 kilómetros de diámetro. El modelo de acceso donde estaba el puerto, tenía unos 70 kilómetros de diámetro y hubiera podido ser el sitio donde se originó Poseidonia. Los atlantes construyeron túneles y canales sobre la superficie, con tecnologías utilizadas después por los griegos cuando construyeron el Canal de Corinto. Eso también me llevó a concluir, que el Estrecho de Gibraltar fue ejecutado por ellos, como una de las obras de ingeniería más portentosas de la humanidad. (nótense los bordes rectos sobre la costa española)

5) El lugar donde estuvo-o está- la inmensa bóveda con el templo de Poseidón en el centro del modelo más grande era aún visible.

6) El enorme volcán Atlas con 45 km de bocana en el extremo norte de la isla donde lo proponía Platón, podía aún verse, con el sitio hasta donde llegó la lava después de la última erupción que devastó a Poseidonia.

7) Los picos de las Islas Azores, o 'Islas de los Halcones' o de las 'Tormentas' estaban aún allí, dando testimonio de la Isla-Continente, con un clima paradisíaco que coincidía con el descrito como el del 'Jardín de las Hespérides'.

8) Los canales de acceso a la isla descubierta, también corresponden a las descripciones de Platón y a la descripción en forma de cruz, encontrados en los tambores de Shamán en las Islas Canarias. Por otra parte, el conjunto de islas o archipiélago del cual habla Platón y que permitía pasar casi 'saltando' de una a otra hasta llegar a la Isla-Continente, también estaban allí y podían verse sumergidas en el fondo del mar, frente a las costas de España

9) El dragón o serpiente asociado a la Atlántida puede verse en todas las culturas alrededor del mundo, como en México, China, Egipto, etc. Es muy fácil observar muchos monumentos, rampas y escaleras acompañados a sus lados por la serpiente o el dragón. Lo mismo sucede en la china con su vastísima cultura alrededor del dragón, el cual está representado de múltiples maneras y actúa como un 'espíritu protector'. La idea del dragón alado, pasó a Egipto y América como un 'buitre protector' y puede verse por debajo de los dinteles de los templos egipcios y en enormes figuras que pueden apreciarse desde el aire formando toda una ciudad, como es el caso de Ollantaytambo en el Perú. Son innumerables los espíritus tutelares o ancestrales vinculados al hundimiento de la Atlántida y los mismos se encuentran en forma de 'Tótem' o figuras una encima

de la otra, simbolizando los ancestros y los animales que perecieron en esa tragedia y que en adelante actuarían como espíritus tutelares o protectores en muchas religiones diferentes a las que profesan su fe en un solo Dios. En Machu Picchu, el caso de muchas de las figuras talladas en sus montañas está asociada a esta tradición, lo mismo sucede en Tiahuanaco, Ollantaytambo, Marcahuasi y los últimos descubrimientos en Ubaté (Laguna de Cucunubá), Colombia, a una hora de Bogotá, entre los que se encuentra el rostro de Poseidón, igual a otro que está en medio del Atlántico. A continuación, podremos observar el Gran Continente en su forma inicial y luego la Isla-Continente como la describió Platón.

10) Por otra parte, La Biblia se refiere al dragón como la 'Serpiente Antigua, el Diablo o Satanás', el causante de la expulsión del Paraíso Terrenal y de la tragedia más grande de la humanidad, con el castigo enviado por Dios de la destrucción de la Atlántida y del Diluvio Universal, debido a la corrupción de sus habitantes y de los excesos de 'los hijos de Dios' refiriéndose a los 'ángeles caídos y sus hijos los Nefilim, o 'Gigantes', cuando tomaron a las hijas de los hombres y tuvieron hijos con ellas, causando según la Biblia, una superpoblación en aquella época. A estos 'excesos' y degradación moral también se refiere el Libro de los Gigantes de Enoc y Platón en sus diálogos del Timeo y el Critias. La Biblia es explícita en mostrar el desagrado de Dios y su arrepentimiento de haber creado al hombre, pero gracias al Patriarca Noé, decide perdonar su descendencia y permitirle volver a poblar la Tierra después del Diluvio (tal vez causado por la Luna –un planeta gemelo de Marte- cuando fue captada por la Tierra en su afelio (órbita más próxima alrededor del Sol). Los hombres, antes de ese momento, eran más

grandes y vivían muchos más años. Eso que afirmo, puede verse también en el calendario solar de Tiahuanaco el cual enseña un año diferente con sólo 275 días. Cuando Noé, hijo de Matusalén, construyó el Arca, contaba con 360 años. Eso les permitió a los atlantes construir sus monumentos en honor a sus reyes y dioses, durante largos períodos de tiempo, mostrando gran continuidad y desarrollando nuevas técnicas.

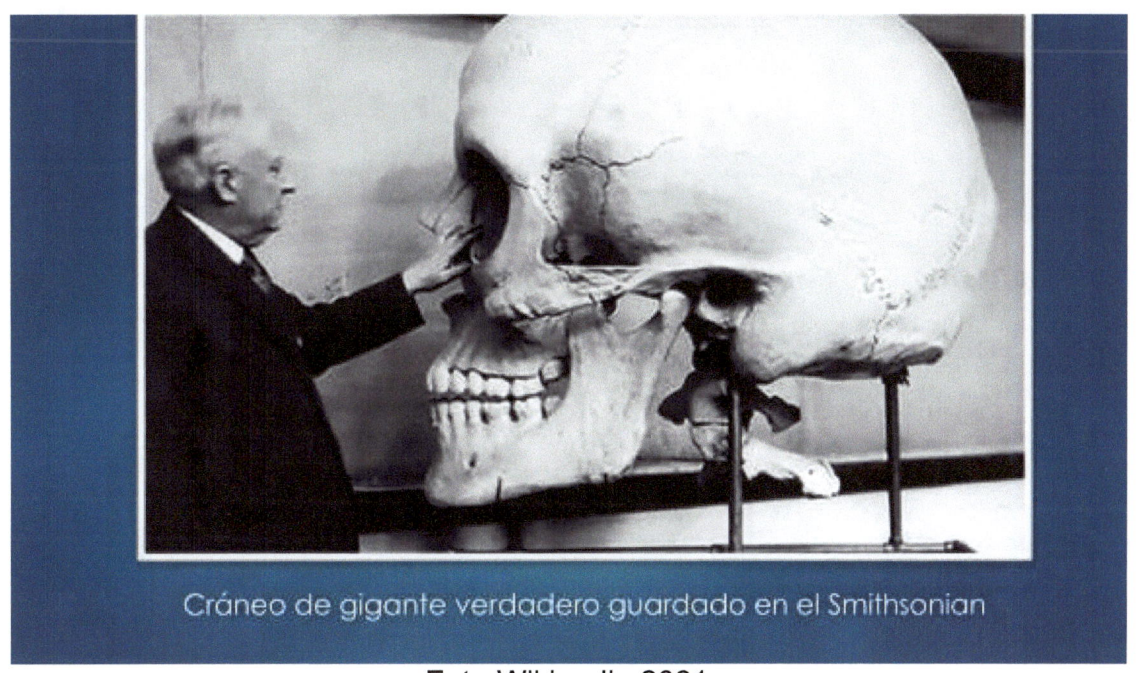

Cráneo de gigante verdadero guardado en el Smithsonian

Foto Wikipedia 2021.

11) Infortunadamente la maldad permeó su cultura y los gigantes fueron exterminados por Dios de un plumazo. Los 200 ángeles caídos cuyo líder era Shemihaza, cometieron excesos atroces y cuando se terminó la comida terminaron por asesinar a los hombres y a beberse su sangre y posteriormente el turno del canibalismo les llegó a ellos. Eran tal las masacres y los aberrantes actos sexuales cometidos contra toda especie, que el clamor de los hombres llegó al

cielo y Dios *"se dolió en su Corazón"*, se arrepintió de su Creación y envió a sus ángeles Miguel, Rafael y Sariel para anunciarles el castigo. Los ángeles caídos se reunieron en la "Fuente del Llanto" y utilizaron a Enoc como mensajero, sin embargo, Dios no los perdonó, enviando el Diluvio Universal. Pero Noé halló gracia a los ojos de Dios.

Exhumación de un Nefilim o gigante de escala inverosímil para el hombre de hoy día. Es impresionante comparar el tamaño del cráneo con aquel de la retroexcavadora. Foto Wikipedia 2018.

Fue la idea de Shemihaza, el líder de los ángeles caídos, quien convenció a doscientos de los suyos, a que cohabitaran con mujeres. En consecuencia, los nacidos de estos actos antinaturales, fueron gigantes hasta de 3.000 codos de altura.

Foto Wikipedia 2021.

BREVE RESEÑA SOBRE EL ARCA DE NOÉ

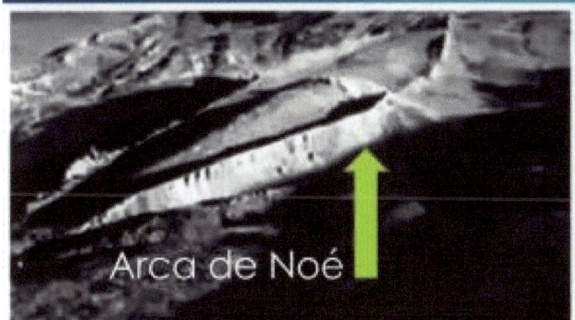 

Monte Ararat, Turquía -HyAM news No.30 2004-(En turco, Ağrı Dağı) es el pico más alto de Turquía, con 5165msnm, localizado en la parte oriental del país, muy cerca de la frontera con Irán y Armenia. Se trata de un volcán inactivo cuya cima se encuentra cubierta de nieves perpetuas. La boca del volcán –izquierda- desciende al menos 7 km.

Con base en fotos Wikipedia 2021

Grande debió ser el dolor y la desesperación de la humanidad de ese entonces y –de acuerdo al "Libro de Enoc"- su grito traspasó la bóveda de los cielos. Dios envió entonces a cuatro de sus ángeles –Miguel, Sariel, Rafael y Gabriel- para encarcelar a esos doscientos "Vigilantes" o ángeles caídos hasta el Día del Juicio y destruir la tierra con un diluvio.

Los ángeles –los Vigilantes- conscientes de su pecado sintieron miedo de Dios. Es aquí cuando los intentos de Enoc de interceder por ellos son infructuosos y Dios envía la gran inundación, producida por un terrible diluvio, el cual no cesa durante cuarenta días y noches consecutivas. -Enoc, 1, 6-. "El Libro de los Gigantes" hace un recuento de esta historia y elabora en la explotación y abusos de la población, principalmente aquellos ejecutados por los dos hijos de Shemihaza, Ohya y Hahya.

La historia del Arca de Noé, según los capítulos 6 al 9 del libro del Génesis, comienza así:

Yahvé observó que los hombres se estaban multiplicando sobre la faz de la Tierra y la violencia y la maldad crecía en ellos. De hecho, la violencia era tanta que, a los ojos de Yahvé o Jehová, la Tierra estaba arruinada[4], por lo que decidió destruir esa generación.

Sin embargo, uno de sus habitantes era un hombre justo llamado Noé. «Un hombre justo y recto entre sus contemporáneos», y decidió advertirle para que se salvara con su familia. Yahvé dijo a Noé que construyera una embarcación, y que llevara con él a su esposa, a sus hijos Sem, Cam y Jafet, y a las esposas de éstos.

Adicionalmente, tenía que llevar de ciertos tipos de animales, hembra y macho, y en distinta cantidad: de los puros -heb.: kosher, ritualmente "apropiados" - debía tomar siete y de los impuros -no kosher- una sola pareja; y para suministrarles alimentos, le dijo que tomará y almacenara la comida necesaria.

El período que Noé tuvo para la construcción del arca no es indeterminado. El relato menciona 120 años como el plazo dado por Dios hasta el diluvio. Luego acontece el diluvio: *"Porque dentro de siete días haré llover sobre la tierra durante cuarenta días y cuarenta noches, y exterminaré de sobre la faz del suelo todos los seres que hice"*.

La Biblia en Génesis 6:14, aunque no da detalles, si dice que esta embarcación era una "teba" -heb.: canasto, cesto, caja, arcón-. Eso, junto a las medidas dadas en el relato, deja como resultado que la embarcación era solo una gran "arca" o caja rectangular de fondo plano sin proa ni popa, sin quilla, remos, timón, anclas o velas, diseñada solo para flotar al garete y no para navegar. El texto hebreo dice que fue hecha de madera de "gofer", que es un tipo de árbol no identificado con certeza, pero basándose en la similitud existente entre este vocablo y el correspondiente a la palabra "alquitrán" -heb. kófer-, hay quienes lo han relacionado con un tipo de árbol "resinoso", tal vez el roble blanco o el ciprés, cuyas maderas son muy duraderas y de extrema resistencia a la ciencia de la arquitectura naval revela que la putrefacción. El arca habría sido calafateada por dentro y por fuera con betún –brea-. Fue detallado especialmente el que se hiciera un "tsohar" -del hebreo "brillante": tragaluz o ventana- a un codo por sobre el arca, una puerta al costado, celdillas y tres cubiertas superpuestas.

Las medidas del arca figuran en el capítulo 6, versículo 15, del libro del Génesis: trescientos codos de longitud -150 m de largo-, cincuenta codos de ancho -25 m de ancho- y treinta codos de altura -15 m de alto-,

El desplazamiento del arca, que es el peso del agua que desplazaría a una profundidad de 6.85 metros, sería de más de 22,000 toneladas.

El volumen total del arca habría sido de 462,686 metros cúbicos, o la capacidad de 569 carros de carga de ferrocarril modernos. La longitud de un carro de carga de ferrocarril es de 13.4 metros y un volumen de 814 metros cúbicos. Esto equivaldría a un tren de más de 8.8 kilómetros de largo. El espacio de piso del arca sería más de 30,785 metros cuadrados. Si se comparan las medidas del arca, es fácil ver que sería comparable a los barcos que cruzan el océano hoy día.

III

La Cabeza con dos cuernos y a continuación el cuerpo del Gran Dragón:

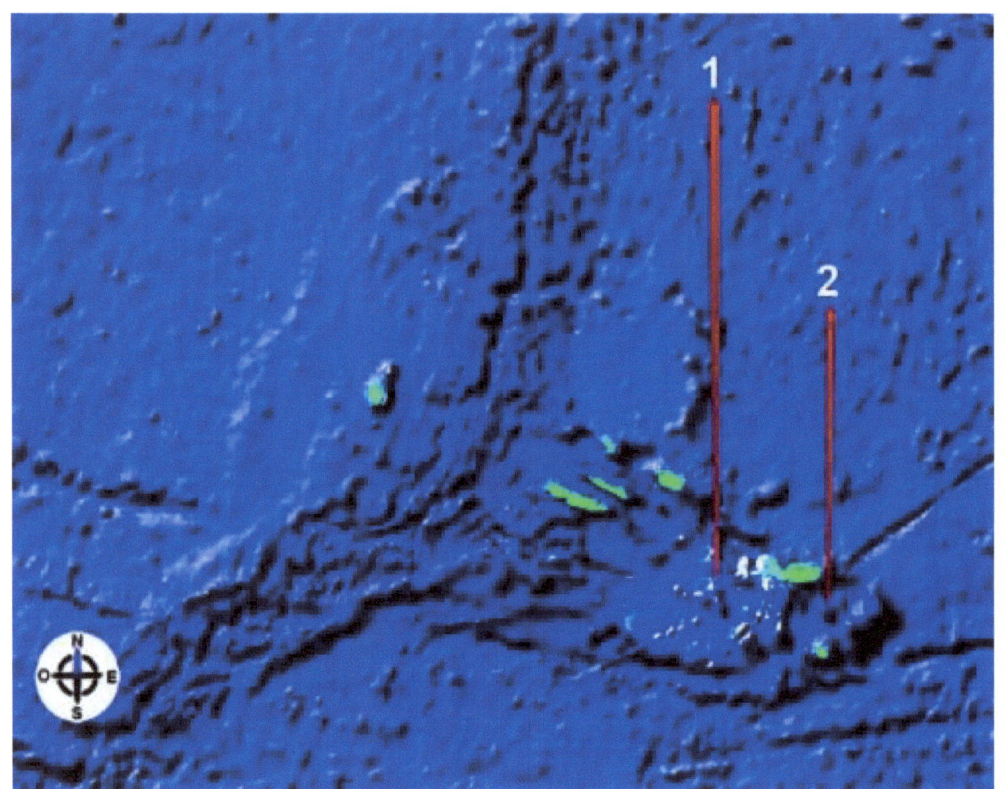

La cabeza del Dragón como puede verse hoy día en el fondo del Atlántico Medio –nótese el ojo y los cuernos que sobresalen de la cabeza de Dragón.-. Las manchas verdes son las Islas Azores. 1- la Capital de la Atlántida sobre la "Llanura Oblonga" con unos 150 km de diámetro. En las siguientes fotos, con la ayuda de filtros, sale a la luz la estructura de la ciudad y en el centro, inclusive está marcado el lugar con la bóveda del Templo de Poseidón. El que llegue a ese lugar, obtendrá la mayor riqueza en oro y platino jamás soñada, pues según Platón, nunca se encontrará tanto platino, como el que encerró la Atlántida y su famoso Templo con una bóveda de 90 metros forrada en metales preciosos.

-Foto Google-Panorama 2005.-

A-. EL cuerpo del Gran Dragón.

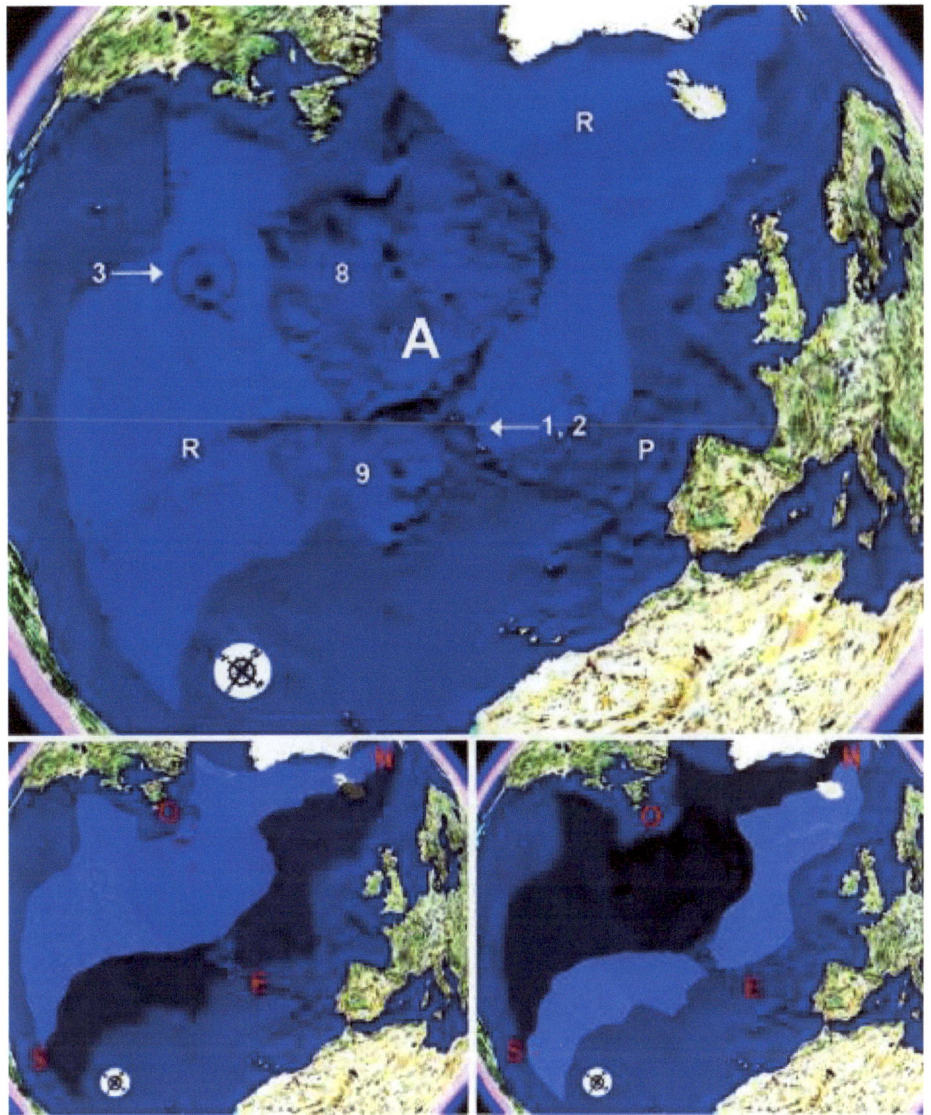

Con el movimiento del sol de este a oeste, visto desde el aire, el Gran Dragón parecía volar.

1) Poseidonia, capital de la Atlántida

Antigua capital sobre la entrada a la dársena del puerto subterráneo el cual podía albergar130 barcos (observese la lengua del dragon apuntando hacia las costas de España la cual, como decía Platón, era parte de un archipiélago que permitia pasar casi saltando). -Foto Google-Panorama 2005.-

2) **Segunda Etapa: La Isla Rectangular de la Atlántida del "tamaño de Libia y Asia Menor combinadas, - Libia y la actual Turquía- con 5.125.000 km2.**

Lo que quedó de la Isla-Continente después de sucesivos hundimientos y tal como le fue descrita a Platón por su abuelo Critias, la cual coincide con los documentos del Templo de Sáis en Egipto, documentos heredados y en poder de Platón cuando relató esta historia.

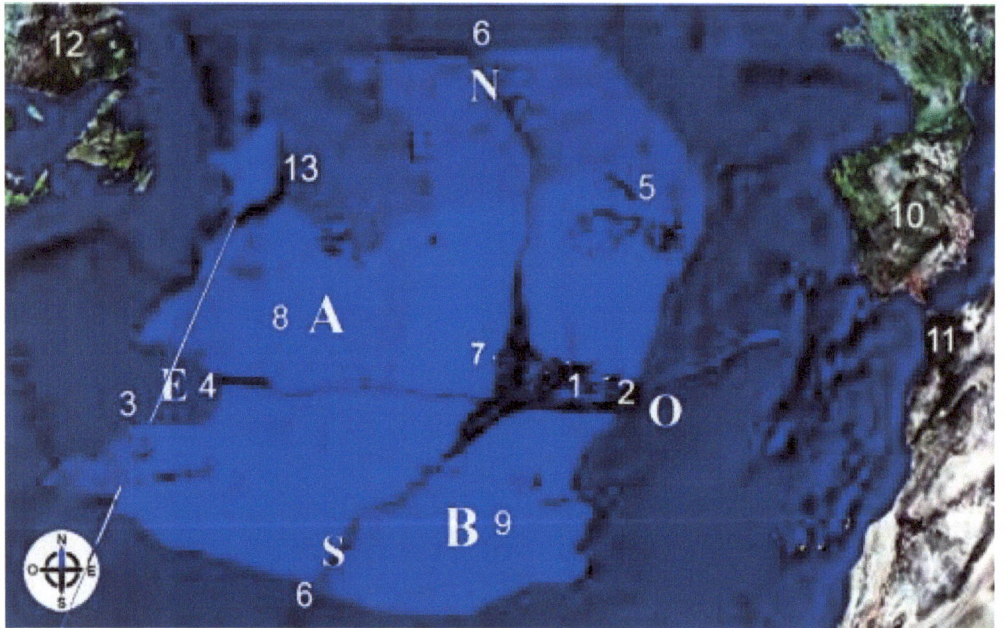

La Isla-Continente de la Atlántida, coincide en todo y se ajusta en forma perfecta al relato de Platón. Nótese su forma rectangular y los rostros de los Reyes Atlantes que forman sus bordes. Arriba Poseidón y abajo a la derecha el rostro de una mujer con forma de esfinge (seguramente Clito, la esposa de Poseidón), recordada después por los egipcios. El resto de la información indicada en la imagen, caza perfectamente con lo narrado por Critias a su nieto Platón, tal como él lo relata en sus 'Diálogos de la Ancianidad' del Timeo y el Critias.

-Foto Google-Panorama 2005.-

1: La Capital, Poseidonia

2: Acceso a Poseidonia por la boca del Gran Dragón, al Este de la isla. -. Inmensa bocana, según Platón con una altura de 130 mt (equivalente a un edificio de 13 pisos de altura) y capacidad subterránea para 130 barcos. Lo más posible es que existiera una caverna de origen natural la cual fue utilizada y reconstruida. A título de ejemplo cito la Catedral de Sal en Colombia, la primera maravilla de ese país, la cual cuenta con apenas 22 mt de altura.

3: Cabeza de gaviota apuntando al continente americano. Abajo del número 3, puede verse el Tridente de Poseidón. Nota: El eje de direccionalidad indicado por la mano 13 y el Tridente de Poseidón, termina en Machu-Pichu, Perú.

4: Acceso Oeste

6: Tridente de Poseidón, el cual puede observarse encima de la gaviota que apunta a América.

8A: Cabeza de Poseidón.

9B: Cabeza de Clito, esposa de Poseidón.

Poseidonia, la Capital de la Atlántida, sobre la cabeza del Gran-Dragón. Léanse las notas de la imagen para una mayor comprensión. El punto oscuro en el centro, rodeado de una forma blanca, es el Templo de Poseidón. Algunas de las manchas blancas corresponden a las Islas Azores, siendo la más grande a la derecha la Isla de San Miguel.

7: Cabeza del Gran Dragón.

10- España.

11- Continente africano.

"La Llanura Oblonga" con la capital Poseidonia -o capital de la Atlántida- en el centro. El antiguo puerto y "A" el volcán Atlas con una caldera de 45 km que terminó por destruir la Atlántida.

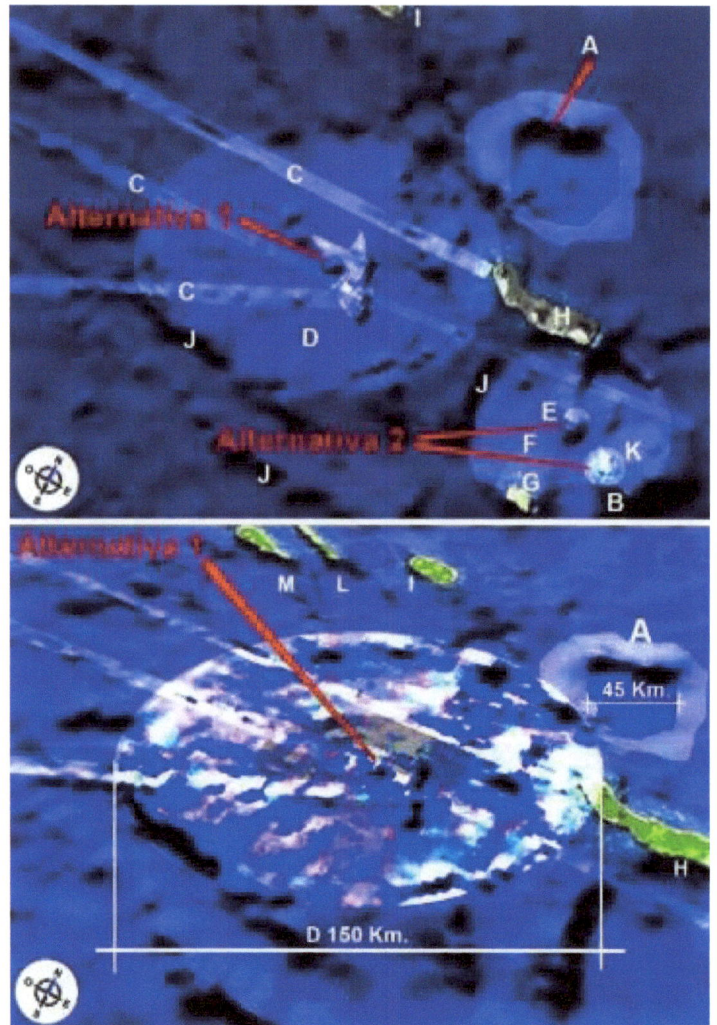

La Llanura Oblonga de 159 Km descrita por Platón y al centro de la foto superior puede verse Poseidonia –alternativa 1- y el antiguo puerto –alternativa 2-, así como los caminos o carreteras de comunicación. La letra A indica la boca del volcán que termino por destruir la Atlántida, con un diámetro aproximado de 45 Km y la Llanura Oblonga con 150 Km de diámetro. Las manchas verdes son las Islas Azores. -Foto Google-Panorama 2005.-

El antiguo puerto y el acceso subterráneo a la dársena del puerto principal.

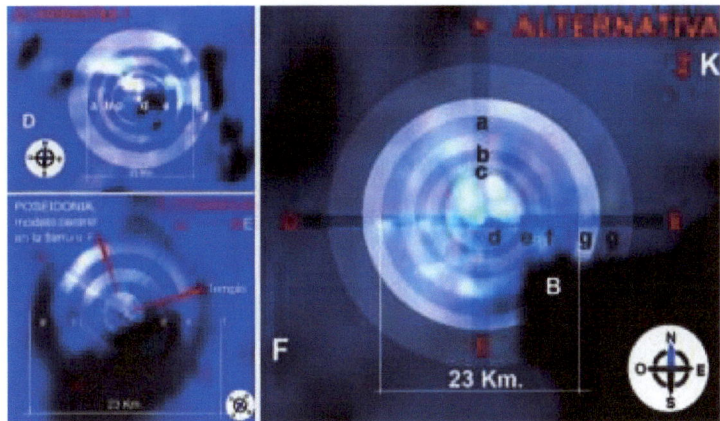

La alternativa 2K muestra el antiguo puerto y el acceso subterráneo "B" a la dársena del puerto principal. Con base en -Foto Google-Panorama 2005.-

Modelos de colonización atlante en el fondo del mar.

El modelo circular de colonización atlante similar al utilizado por los Kibutz en Israel hoy dia. Fue posteriormente recordado por varias culturas como la Tayrona y la de los indios Kogis de la Sierra Nevada de Santa marta en Colombia 10 o 12 mil años atrás. -Foto Google-Panorama 2005.-

Archipiélago canario sumergido

Cabeza sumergida formando parte del archipiélago canario también sumergido, de Rey Atlante (Nefilim o demonio con dos cuernos), frente a las costas de España. -Foto Google-Panorama 2005.-

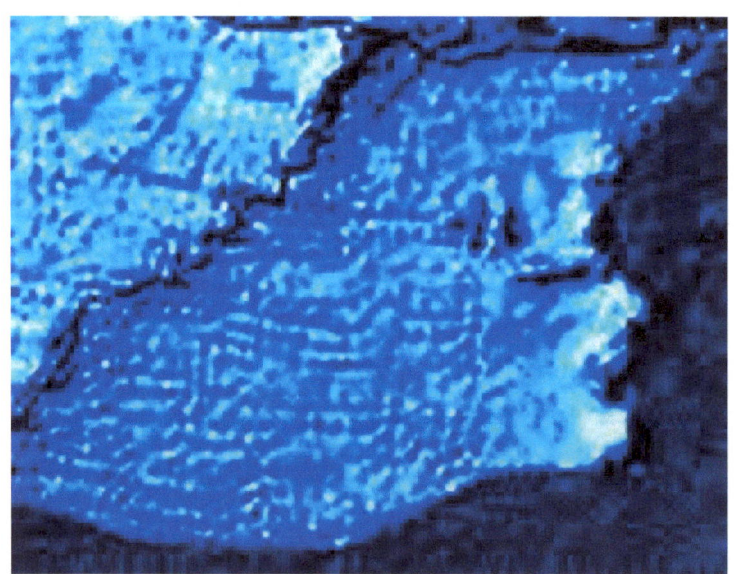

Cabeza de Clito, la esposa de Poseidón, fondo del Atlántico,

-Foto Google-Panorama 2005.-

Pero en este punto surgen las preguntas. El hundimiento de la Atlántida fue un evento provocado por ellos mismos, o acaso fue un castigo enviado por Dios. Existen numerosos ejemplos de lo último que afirmo. Cito algunos:

1- La rebelión de Luzbel, el más bello de los ángeles creados por Dios, cuya desobediencia causó que fuera echado fuera del paraíso celestial arrastrando tras él miríadas de ángeles que también se rebelaron contra Dios, siendo el pecado de todos ellos en mayor o menor grado "la soberbia".

2- La destrucción de Sodoma y Gomorra, debido a la corrupción de sus habitantes y al pecado de la sodomía, el cual le fue propuesto a los ángeles enviados a Lot.

3- El castigo a la mujer de Lot a quien convirtió Dios en una estatua de sal, castigando en esta forma su curiosidad y su desobediencia

4- Las 10 Plagas de Egipto, castigando Dios en esta forma la terquedad del faraón Ramsés II. Dios fue paciente 9 veces, pero a la 10ª Plaga el angel exterminador mató a todos los primogénitos egipcios.

5- El paso del Mar Rojo, en el cual pereció el ejercito egipcio y Moisés pudo rescatar a su pueblo, siendo este quizás el más grande milagro realizado por Dios en el Antiguo Testamento, etc.

Y así, podría seguir citando hechos cuyo común denominador son la soberbia, la desobediencia y la obstinación, las cuales son castigadas por Dios. Entonces, todo eso me hace pensar, que Dios envió un castigo a los habitantes de la Atlántida, debido a esos tres factores que menciono. ¿Pero, cuál fue su pecado?

No nos es posible comprender la gravedad del pecado de los ángeles caídos o esos *"hijos de Dios" al tomar a cuantas quisieron de las hijas de los hombres, y tener hijos con ellas.* (Sus descendientes fueron los Nefilim o gigantes de antaño, citados en Gen. 6, 1-4) y siguientes, atrayendo sobre si el castigo del Diluvio Universal). Recordemos también que de acuerdo a lo enunciado por el filósofo Platón, Dios destruyó la Atlántida en un dia y una noche fatal. Existe otro testimonio similar el cual analizo en mi libro la "Conexión Atlante", grabado a la entrada de las cuevas de Belmaco, en la Isla del Hierro en el archipiélago canario. Entonces esto sirve para desmentir las afirmaciones de aquellos que pretenden convertir el relato de Platón en una fábula. Pero no solo eso, lo que allí está grabado, continúa con un relato pormenorizado del Diluvio Universal.

Si, querido lector, los reyes de la Atlántida fueron Nefilim, o sea gigantes, los cuales fueron degenerándose en su contacto con los humanos, perdieron (o se alejaron) de su esencia divina (angélica). Esto es lo que afirma Platón. Pero recordemos que Platón es 3 siglos anterior a Cristo, lo cual hace que su testimonio sea aún más interesante. Platón también menciona en sus Diálogos de la Ancianidad que los reyes atlantes usaban espléndidos ropajes azules en sus banquetes. Es muy interesante ver en mi libro "La Conexión Atlante" mi descubrimiento de las esculturas de los "Reyes Azules" al sur de las pirámides.

Si el lector tiene la paciencia y busca en la plataforma Kindle/Amazon alguno de mis libros relacionados con los Vigilantes (ángeles caídos) o sus padres los

Nefilim, se dará cuenta que todo lo mencionado en el libro de Enoc es cierto. Mis libros demuestran con decenas de fotografías lo que afirmo. Aquí sí que es cierta aquella frase de Confucio cuando dice que "una imagen vale más que mil palabras." Si el lector me pregunta por qué incluyo tantas fotografías, le diré que suena tan inverosímil lo que afirma el "Libro de los Gigantes" del profeta Enoc que es mejor demostrarlo no con una fotografía sino con decenas de ellas. Hoy en dia muchos científicos desconocen o niegan que los gigantes y las obras de sus padres los Vigilantes son tan portentosas que no caben en sus mentes. A continuación, están los títulos de algunos de mis libros referentes a estos temas:

1) Lágrimas de Piedra.
2) Hace 12.000 años.
3) The Weeping (El Llanto -en idioma inglés-).
4) La Fuente del Llanto.
5) Huaika, etc

Con el objeto de no dejar al lector en el aire, muestro a continuación algunas de esas fotos, las cuales cuando su escala lo permite son mías o de lo contrario son de Google Earth-Panorama 2005:

IV

El Gran Continente de Mu o Lemuria

35,000,000	26,000,000	10,000,000	2,000,000	1,000,000	900,000	400,000	25,000	15,000	10,000	Cristo
Eterica	Reptilosauria		Hybornea			LEMURIA				Comienzo de la historia registrada
							ATLANTIDA			

Calendario lineal de antiguas civilizaciones prediluvianas   (nota: no esta dibujado a escala)

Lemuria fue una antigua civilización que existió antes y durante el tiempo en que existió la Atlántida. Ciertas tradiciones muy antiguas nos llevan a conocer su existencia, tradiciones que de maneras muy extrañas y providenciales han llegado hasta nosotros.

En mi libro "La Conexión Atlante", al cual tendré que referirme en varias ocasiones durante el transcurso de este libro, publiqué un acopio de "pruebas erráticas" y "verdades suficientes" que demostraban la existencia de la Atlántida y por supuesto hicieron referencias forzosas a la Lemuria. Aunque el propósito de ese libro no era únicamente probar la existencia de esas civilizaciones de antaño sino también probar su extraña conexión con el presente, el propósito de este último escrito es poder desentrañar de alguna manera la urdimbre entre las dos civilizaciones prediluvianas más importantes de la historia de dónde venimos nosotros. Es entonces inevitable devolverme a mirar algunos aspectos descritos en la "Conexión Atlante", los cuales darán luz a la "Conexión Lemuria".

Lemuria existió o es más conocida en lo que conocemos hoy día como el Pacífico Sur, entre Norteamérica y Australasia (en esa época Australia y Asia aún estaban conectadas o en proceso de desmembramiento de la masa original de Gondwana. Para algunos, el continente de Lemuria, es también conocido con el nombre de Mu o Madre Tierra Mu. Es por esta razón que hablaré algunas veces de Lemuria y otras de Mu, refiriéndome siempre al mismo lugar o a la misma civilización.

Es una creencia arraigada que los nativos americanos presentan un grado de espiritualidad muy elevada, como dando testimonio con algunas de las bellas costumbres llegadas hasta nosotros. Si la conquista de América con la brutal imposición de una nueva religión y filosofía trató de borrar en forma permanente algunas formas de civilizaciones pretéritas arraigadas en el nuevo continente, eso no es de extrañar. El hombre siempre ha tratado de convertir y forzar a los más débiles para que crean en la filosofía y religión de los más fuertes. Sin embargo, los padres de las diferentes religiones jamás intentaron imponerse por la fuerza de las armas y la técnica, y más bien, el uso de estas últimas para expandir sus filosofías fue resultado de la ambición y de la necesidad del control económico. Con ese criterio, los sajones envenenaron los ríos y cometieron atrocidades sin igual para exterminar y someter a las tribus indígenas del Nuevo Mundo. Lo mismo podría decirse de la mano brutal de los conquistadores españoles y portugueses, los cuales lograron conquistar no solo exterminando y asesinando en forma infame a cientos de indígenas en su búsqueda del tesoro del dorado, hasta terminar mezclándose con las tribus indígenas, dando origen al mestizaje, Esa nueva raza, que, basada en la mezcla de sangres, fue obligada a continuar con las creencias de los más fuertes.

Si bien el cristianismo creció en forma diferente entre el norte y el sur del continente americano. Los puritanos y los sajones propugnaron una xenofobia sin igual, la cual permanece hasta nuestros días. Podría decirse que existe poca diferencia entre las filosofías del nazismo y las de las políticas norteamericanas de hoy en día.

Arriba el Gran Continente de Mu o Lemuria. Vista desde el extremo sur en dirección a Sri (Ceilán). El pico más alto sería el Monte Pahruli. Abajo, localización y mapa de Lemuria. Con base en información tomada de Wikipedia.

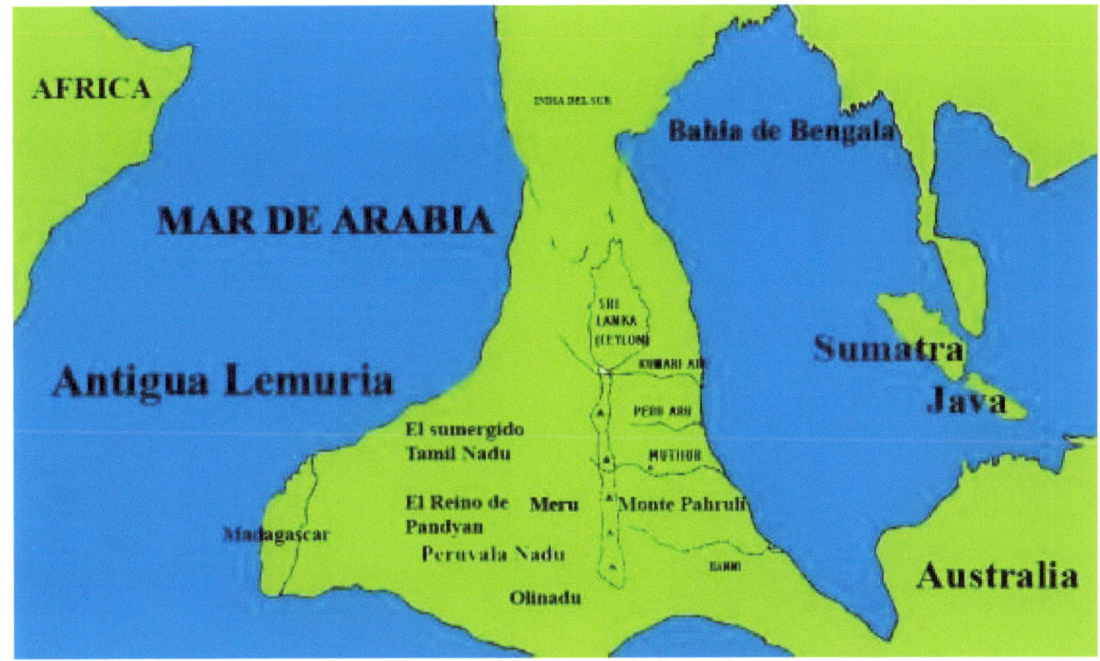
Lemuria. Con base en información tomada de Wikipedia.

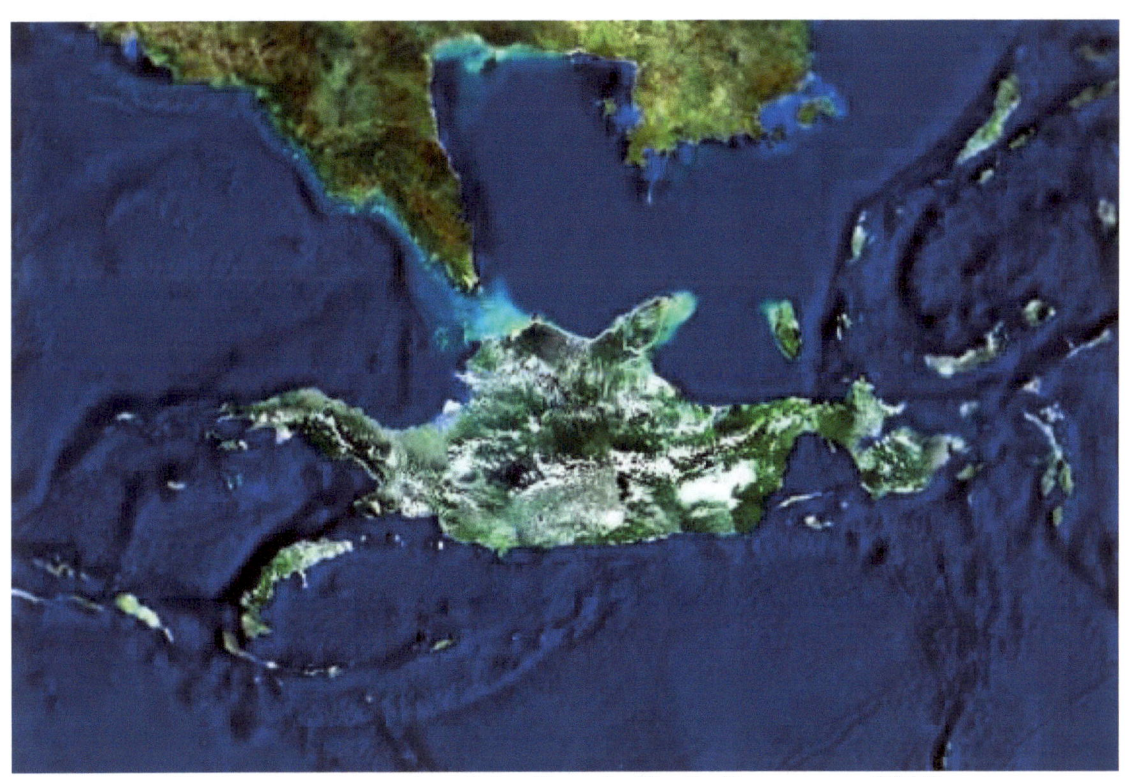
Polinesia, cangrejo, -foto Google Earth-Panorama 2005.-

Polinesia (vista desde otro ángulo).

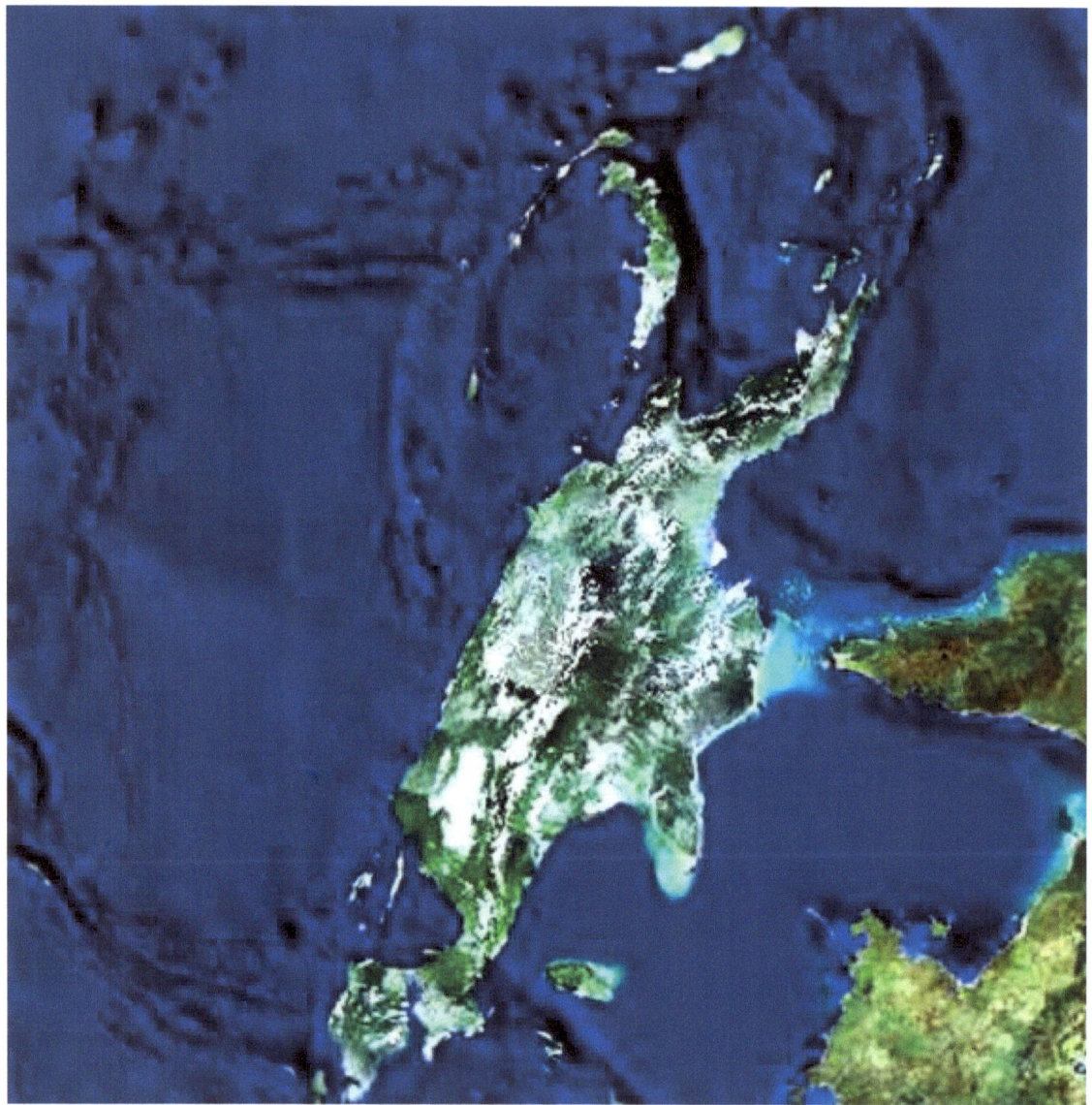

Polinesia, Cabro. La misma imagen anterior vista desde otro ángulo.

Es innegable la manipulación o la intervención de los Vigilantes o ángeles caídos en estas obras. Sus hijos los Nefilim por si mismos no pudieron hacerlas, se requería una intervención de unos seres mucho más poderosos, ligados a una esencia divina tal y como lo afirmaba Platón cuando decía que los Nefilim en su contacto con los humanos -humanas- fueron perdiendo dicha esencia.

Han pasado miles de años desde entonces y a los humanos de hoy dia nos queda difícil entender como hicieron dichas obras, las cuales demuestran una capacidad plástica asombrosa. Sin duda, los seres que las realizaron pudieron remontarse por los aires para observar su creación. De nuevo surge la pregunta: ¿Entonces, si el poder de dichos seres era tan grande que pudieron manipular costas y continentes, no hubiesen podido hundir o desaparecer otros a su antojo? Pero aquí de nuevo surge otra alternativa: ¿acaso no sería el mismo Dios quien decidió hacer desaparecer civilizaciones enteras debido a su corrupción y a su desobediencia a las Leyes Divinas?

Los caminos ciegos

Posible rostro de Homo Floriesiensis (Indonesia). Su capacidad craneana era de unos 380 cm3 (unas tres veces menor que la nuestra, unos 1600cm3). Si bien es cierto que existen otros extremos evolutivos con mayor capacidad craneana que la nuestra, como es el caso demostrado de las momias de las tribus Guanche en las Islas canarias con 2000 cm3. El homo Flosiensis algunos científicos suponen que no desarrolló el habla. Esta afirmación es altamente sospechosa, pues convivió con el Homo Neardentalensis el cual si tuvo acceso a ese tipo de comunicación. Y es posible, que también se hubiese mezclado con él. ¿Pero que es el habla? ¿Acaso una serie de gruñidos o ruidos guturales o bucales organizados en secuencias no constituyen una forma de lenguaje? ¿Y si no desarrollaron el habla como hicieron para comunicarse y de esa manera asegurar su largo período de permanencia en la isla donde sobrevivieron por casi 30.000 años? Los científicos alumbran el camino esta vez informándonos que llegaron de Australia hace unos 60.000 años, eso los pone en un marco de referencia relativamente reciente, aunque no explica del todo sus orígenes como veremos más adelante y contradice un hecho obvio el cual sugiere que el ser más primitivo aparece primero.

Lo que en teoría parecía sencillo, en la práctica no lo era tanto. Comencé por estudiar las vidas de aquellos que lograron trascender su propio cuerpo. Si bien Jesús nos dice que él es el camino, la verdad y la vida, entonces él era el primero al que tenía que mirar. Una cosa es mirar la vida de Jesús y otra tratar de vivirla. Durante dos mil años los hombres han tratado de hacerlo y muy pocos son aquellos que han logrado trascender. Entonces, al mirar el modelo puramente humano, me di cuenta que había un hecho común a todos los santos y profetas: para poder trascender, todos habían logrado desprenderse de las ataduras al mundo o de la materia para así poder liberar su espíritu. Había una relación directa entre el mundo material y el espiritual, a mayores ataduras menor espiritualidad, a mayor riqueza menor santidad.

Todas las grandes y poderosas civilizaciones del pasado habían sido destruidas y reducidas a escombros. Los egipcios con sus templos, pirámides y palacios portentosos, Los babilonios con su gran ciudad, madre de todos los vicios y de todas las raíces de la presente desaparecida en el olvido y el polvo del desierto, los griegos con su Partenón hecho pedazos y las ruinas de Troya, Olimpia, Epidauro, Tirinto Corinto y Micenas, contando fragmentos de grandezas pasadas y que decir de Roma. Cualquiera que haya visitado esa ciudad sabrá de que hablo. El gran Foro Romano es hoy día una ruina de proporciones gigantescas. Las Termas de Caracalla (o de Antonino, el hijo de Septimio Severo y de Julia), el Coliseo, el Panteón o Villa Adriana en las afueras, la casa más grande del mundo, con 20 km2, no son otra cosa que enormes recintos vacíos. Entonces nos damos cuentas cuan vanas son las obras de los hombres. La historia todo lo cubre con su manto silencioso, arrancando los propósitos de los edificios y dejándolos yermos sin aquellos que los habitaron. Todo es cuestión de tiempo y tarde o temprano, toda cultura es destruida o absorbida por otra con propósitos y filosofías distintas.

Por otra parte, me pregunté si el destino de los profetas era ser sacrificados por su propio pueblo, entonces ¿por qué hacían lo que hacían, por qué profetizaban? De nuevo la respuesta surgió con fuerza: porque no les importaba el mundo material, porque era preferible un paso rápido a la muerte después de una purificación previa a seguir atados a su propio cuerpo. De nuevo surgió con fuerza la pregunta: ¿Entonces era preferible el martirio a la vida? De alguna manera la respuesta parecía ser un sí rotundo, infortunadamente eso del martirio era un tema proscrito y negado por muchos y vinculado al sacrificio y este último, en las postrimerías del s. XX y en los comienzos del s. XXI había perdido popularidad. Ya nadie se sacrificaba por nadie y el sacrificio y el ayuno habían pasado a ser cosas del pasado. La misericordia para con el más necesitado no era practicada en forma individual o por amor y se había convertido en una obligación social del estado o negada por aquellos países más pobres a sus ciudadanos, los cuales debido a su falta de recursos se veían obligados a hacerse los de la vista gorda para con los suyos.

El ayuno de los 40 días de Jesús en el desierto, a fin de purificarse y prepararse para su misión, la cual debía llegar a un clímax con su propia muerte y posterior resurrección, había perdido sentido en la sociedad hedonista del nuevo siglo. La frase profética de san Pablo al preguntarse *¿si cuando venga el Mesías por segunda vez aún encontrará fe sobre la tierra?* parecía cobrar sentido en esta época. La abundancia de libros heréticos era una de las señales del vómito de la serpiente descrita en el Apocalipsis, la cual pretendía ahogar la voz de María y de su Hijo Jesús. La televisión con su plaga de imágenes impuras era vista por adultos y niños por igual. La pornografía y la violencia, se habían convertido en el pan de cada dia. La campaña de destrucción de la fe estaba en marcha con fuerza inusitada. Entonces, en ese maremagno de ideas y confusión era difícil aventurarse a desprenderse de lo material en la búsqueda de lo espiritual.

Los párrocos y los pastores estaban más interesados en amasar fortuna que en salvar a sus fieles. Los maestros se paraban sobre su propio orgullo, embelesados con su propia sabiduría. Las organizaciones burocráticas desde las más pequeñas hasta las más grandes y poderosas, solo buscaban engordar y mantener sus cuotas de poder con hombres que más bien parecían terneros amamantándose con la leche dogmática de sus propios sofismas, como fieras burocráticas cebándose en la desgracia de los más pobres. Ni la ONU, ni la OEA, ni la FAO parecían querer o poder ayudar a nadie. Países enteros se morían literalmente de hambre o de pandemias insólitas. La dureza del corazón se había apoderado de la nueva humanidad y la frialdad y el verdadero amor había desaparecido en la mayoría. Ya nadie sabía que era el amor y escasamente las personas sabían diferenciar entre la comodidad y la felicidad. El consumismo feroz se había apoderado de un mundo que se negaba a trascender más allá de su propio egoísmo. Dios ya no estaba en el panorama de muchos y el hombre estaba como barco a la deriva, al igual que en los últimos días de Lemuria, de la Atlántida, de Noé y de Lot. El mundo había escogido vivir la Gran Tribulación y la devastación sería de carácter universal.

A los pocos días de comenzar este libro continué con mi búsqueda, no soy profeta o al menos me resisto a creerlo. Decidí entonces usar una llave, y buscar en el ombligo de la Tierra. Fui a los trópicos primero y allí visité las Rocas de Suesca en Colombia. Ese fue el origen de otros de mis libros que titulé "Lágrimas de Piedra", "The weeping", "Stone tears", "La Fuente del Llanto", etc..

Después fuí a otros lugares. Poco a poco los secretos que estaba buscando fueron develándose a medida que avanzaba en mi camino y las preguntas encontraban las respuestas. En adelante comencé a descubrir cosas que estaban allí y me acercaban más a lo que buscaba. Tenía un largo viaje por delante, pronto descubrí los rostros de la Tierra.

El Capítulo 6, 1-4 del Génesis nos cuenta cuando los ángeles caídos tomaron a las 'hijas de los hombres' y tuvieron hijos con ellas, engendraron una raza de gigantes -los Nefilim, que llegaron a ser los "grandes héroes de la antigüedad varones de nombre".

El 'Libro de los Gigantes' del profeta Enoc, el más importante de los hallados recientemente entre los Manuscritos del Mar Muerto en Qumram, Israel, nos habla que, en el pasado antediluviano, existió una raza de hombres tan grandes que llegaron a medir 450 cúbitos (1 cúbito=56cms.), o sea, ¡llegaron a medir 252mt.! Y, como cosa increíble, en mi libro "Lágrimas de Piedra" publico la enorme cabeza de una serpiente vista desde el aire, con dos sarcófagos encima: uno de un Gigante con las medidas antes citadas y a su lado otro que medía 218 mt. Ambos tenían tallados o dibujados encima varios rostros y figuras a la usanza de los sarcófagos egipcios y los muestro a continuación.

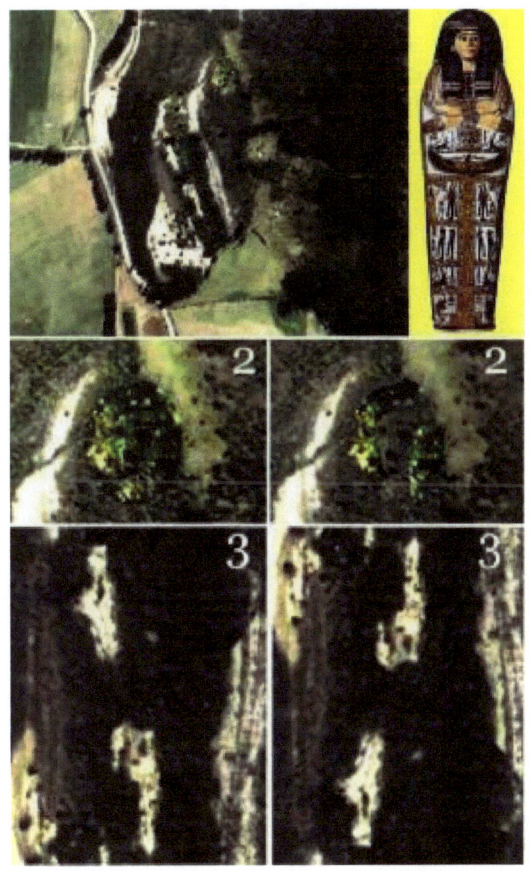

Valle de Ubate, sarcófagos de una pareja de Nefilim sobre la cabeza de una serpiente. Hoy dia desaparecidos debido a la ignorancia de personas que destruyeron su entorno. Publicados en mi libro "Codex" por Cangrejo Editores. - fotos Google-Panorama 2005.-

En otras palabras, esa mezcla de hombres y demonios (ángeles caídos), produjo una raza inmensa, que como dice el historiador judío Flavio Josefo en el s. I dC, *eran terribles a la vista, lo mismo que al oído*. Una raza de hombres que vivía muchísimo tiempo, Cuando Noé -que no era un Nefilim- construyó el Arca, tenía 360 años.

El Diluvio se produjo cuando la Tierra captó a la Luna en su órbita alrededor del Sol, hace unos 12.000 años, cuando el año duraba 294 días, tal como nos lo cuenta el calendario solar en Tiahuanaco, en Bolivia.

Después del cataclismo y debido a la velocidad orbital y a la influencia de la Luna, la edad del hombre fue limitada, según la Biblia, a un máximo de 120 años, los hombres según las propias palabras de Dios, eran solo carne. (se habían alejado de su esencia Divina). Los gigantes (Nefilim) y sus padres los ángeles caídos liderados por Shemihaza (de acuerdo a lo narrado en el Libro de los Gigantes del profeta Enoc), literalmente tallaron toda la Tierra, se mezclaron con las hijas de los hombres y también con, los peces las aves y todos los seres vivientes, Una raza que pervirtió el plan Divino y cometió indescriptibles atrocidades, despertando la ira y el dolor del *Corazón de Dios*, haciendo que enviara el Diluvio Universal. Pero Noé hallo gracia a los ojos de Dios.

Recuerda, querido lector, aquella frase del Evangelio que dice: *"El que busca encuentra, al que golpea se le abre y al que pide se le da"*. Llevaba buscando respuestas hacía muchos años y descubrí cosas que le han sido negadas a muchos seres humanos. Encontré la Atlántida y eso me hizo un gran descubridor. Muchos comenzaron a envidiarme y no me perdonaban que lo hubiese hecho, pero no importa, Dios quería que así fuera y como me llamó un suplemento del diario El Tiempo: "El Colón Colombiano". No me avergüenzo de mis descubrimientos, Dios así lo ha permitido, pero aún me faltan muchos hallazgos por realizar. Si, querido lector, recuerda lo que dice San Juan en el Apocalipsis:

"Al final de los tiempos, muchos secretos serán develados y muchas cosas serán ocultadas". No temas querido lector, Dios está con nosotros, no te desanimes, al final está la recompensa. La respuesta a muchas preguntas sobre la existencia de Lemuria y las razones para su desaparición y muchas otras civilizaciones están muy cerca. Dios utiliza tanto al bien como al mal para obtener los resultados que Él quiere. Lee a Job, allí están muchas de las cosas tal como nos suceden a todos los seres humanos. La paciencia es una gracia Divina y la tribulación también. ¡En los momentos de desierto, pídele a Dios que te ayude y Él te ayudará! Abre bien los ojos, ¿acaso no crees que si Él hizo el cielo y la tierra no puede mostrarte lo que buscas?

Ahora comencemos por el África, un continente que esconde miles de secretos, algunos tan grandes que la mente humana no puede abarcarlos sin una gracia especial del Espíritu Santo. Ni los científicos: los Paleontólogos, los Geólogos, los Geógrafos, los Historiadores, los Matemáticos, los Psicólogos, los Biólogos, los Químicos, los Físicos y tantos otros, han podido descubrir como los ángeles caídos hicieron lo que hicieron, ni en que consiste esa cualidad espiritual que le permite realizar a un ángel muchos de los portentos que verás a continuación. Con todo esto, te darás también cuenta del poder que tiene el maligno sobre las almas, y que la única forma de vencer a un ser espiritual es a través de la oración.

V

ÁFRICA:

Continente africano, Angola,
Desierto del Sahara,
Etiopía, Egipto, Libia, Madagascar,
Península Arábiga, Sudáfrica, Senegal
Los Reyes Azules, las Pirámides y
Estrecho de Gibraltar.

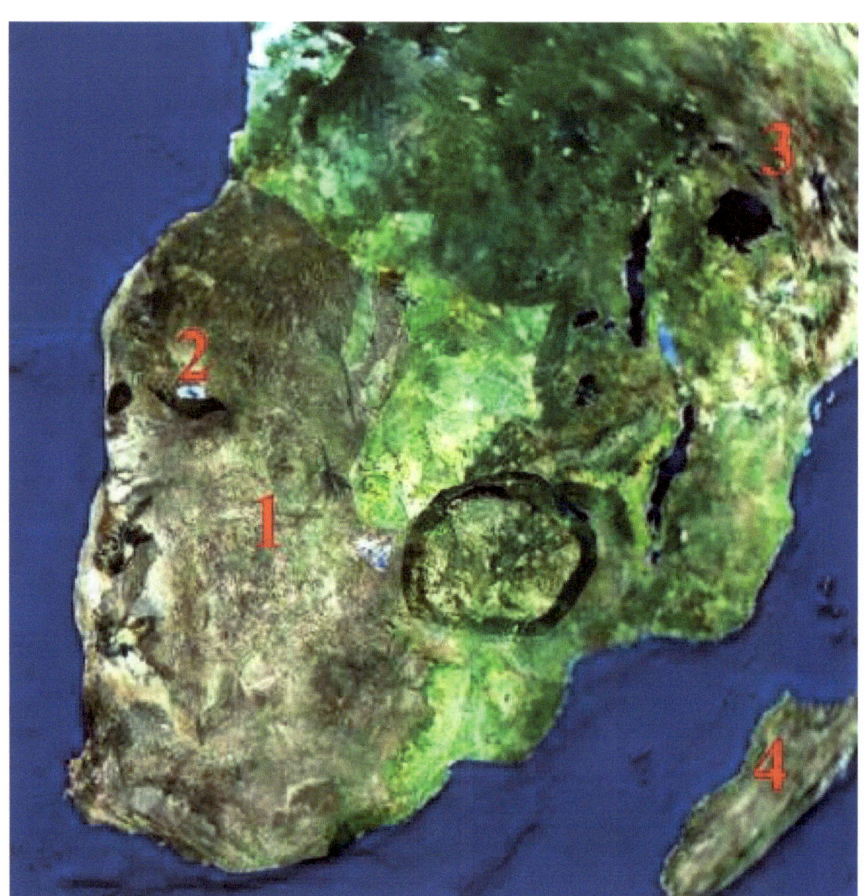

África, extremo sur. Entonces, yo pregunto, si los angeles pudieron realizar semejantes portentos, ¿no hubiesen podido hundir los continentes de la

Atlaantida, Mu o Lemuria, siguiendo una orden del mismo Dios? 1- Cabeza de Mujer formando el continente Africano. 2- El Lago Chad. 3- El Lago Victoria. 4- Madagascar. -Foto Google-Panorama 2005-.

África, cabeza de león.

África, Desierto del Sahara, el ojo azul es el Lago Chad.

El poder de los ángeles caídos era inmenso. Su líder Shemihaza y sus 200 secuaces alteraron toda la Tierra. Por eso, *Dios se dolió en su Corazón* y envió el Diluvio Universal. -Foto Google-Panorama 2005-.

África, Desierto del Sahara, ¿Abraham y Sara? -Foto Google-Panorama 2005-

Desierto del Sahara, 1- esqueleto fósil de serpiente marina partido en el centro y con la cola en la parte de debajo de la foto. Arriba, a la izquierda 2-, puede observarse el Estrecho de Gibraltar.

-Foto Google-Panorama 2005-.

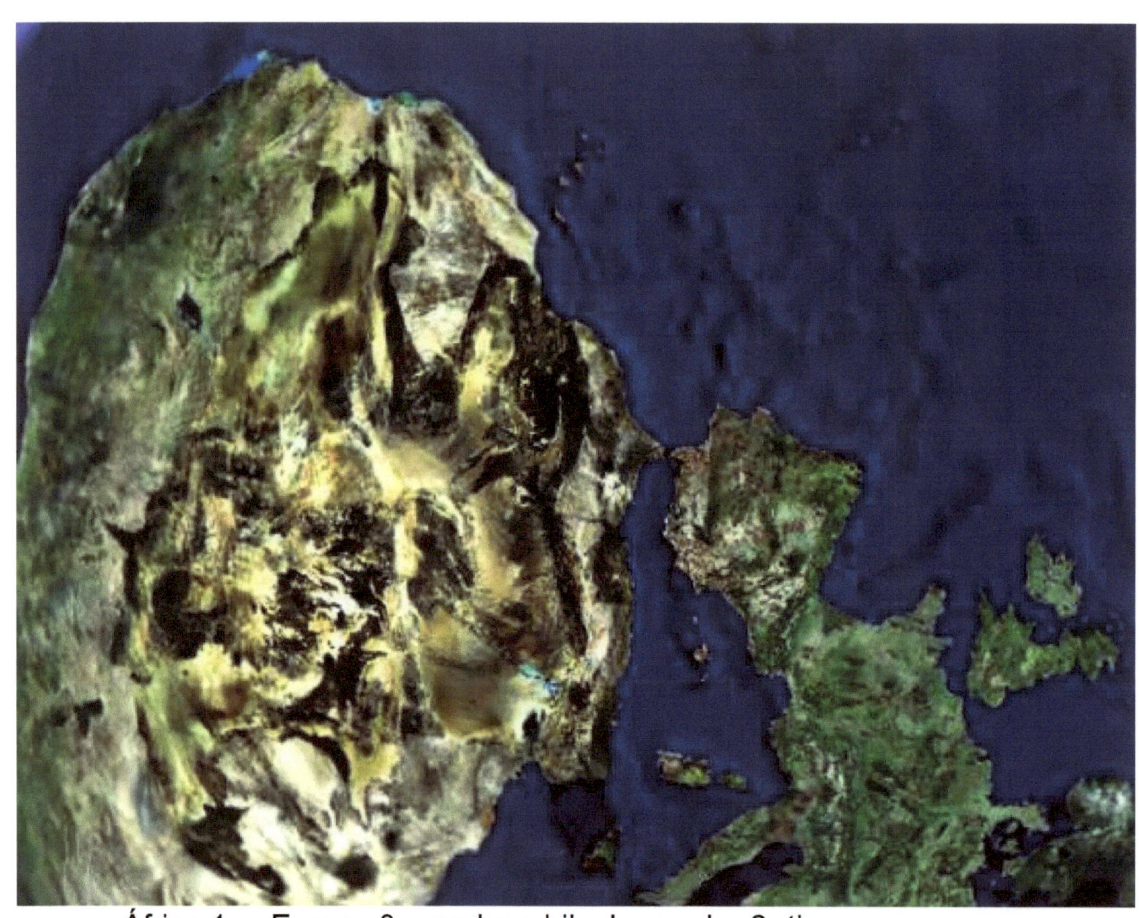

África 1- y Europa 3-, madre e hijo. La madre 2- tiene una enorme mariposa 1- que le cubre la cara. -Foto Google-Panorama 2005-.

África, Angola, cabeza de oso, nótese el cuerno. -Foto Google-Panorama 2005-.

África, Etiopia, cabeza de Nefilim joven Nefilim con cabellos al estilo de medusa, ostentando un collar, arete, diadema y un rostro triangular con cuernos arriba, a la derecha del ojo. También ostenta una chivera. -Foto Google-Panorama 2005-.

África, Etiopia, agresiva cabeza de Nefilim con dientes de vampiro.

-Foto Google-Panorama 2005-.

África, República del Congo. -Foto Google-Panorama 2005-.

África, Angola, rostro humano de labios gruesos. Nótese el pequeño cuerno en la parte superior de la cabeza. –Foto Google-Panorama 2005-.

África, Libia, Cirene, dragones, demonios y reptiles. (Zona donde se practicó la alta magia negra en la antigüedad. De allí provino Simón el Mago, quien cayó fulminado –muerto- en un duelo con San Pedro, descrito en el libro de los Hechos de los Apóstoles). Nótese la cabeza del ángel caído con la mandíbula desencajada -Foto Google-Panorama 2005-.

África, mujer llorando, en la punta de la nariz se halla Dakar.

-Foto Google-Panorama 2005-.

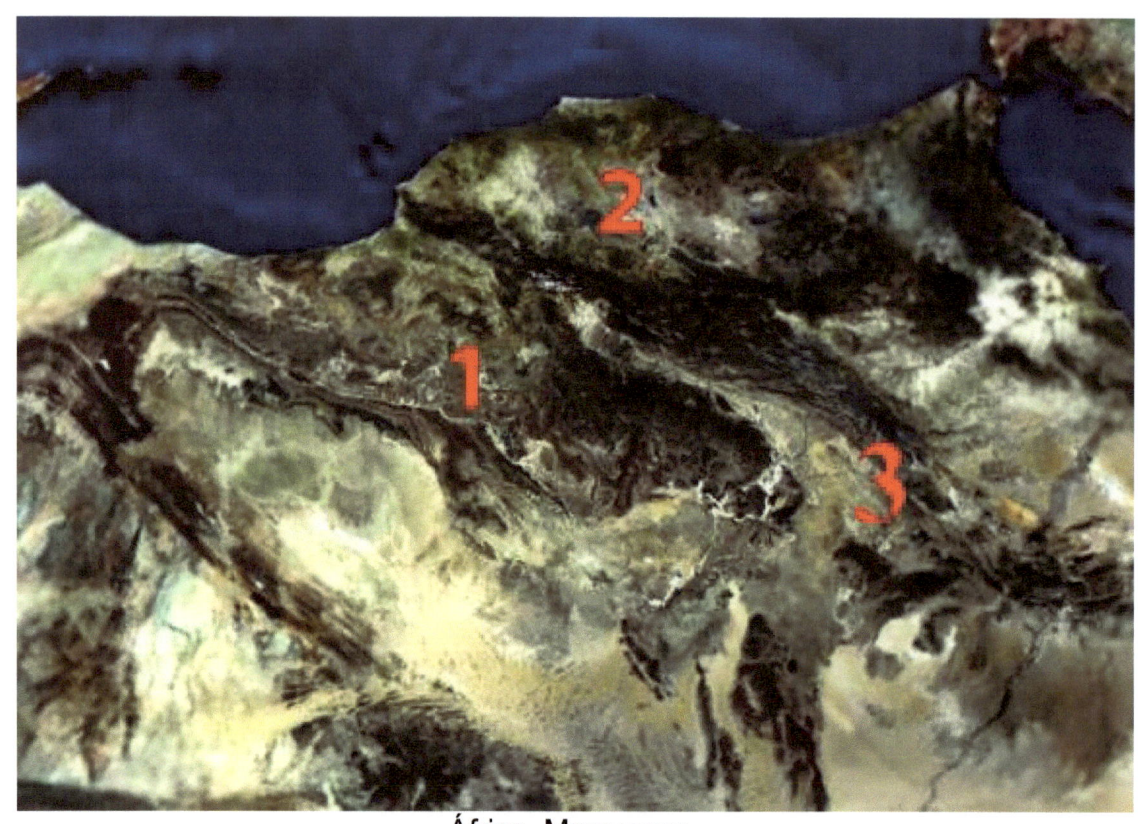

África, Marruecos.

1 cabeza de lagarto. En la parte superior,

2 puede observarse un tiburón, con la aleta dorsal conformando

el Estrecho de Gibraltar,

3 representa una cabeza de pez con agudos dientes.

-Foto Google-Panorama 2005-.

África occidental, perfil Inca. -Foto Google-Panorama 2005-.

Costa Sur del África Occidental. -Foto Google-Panorama 2005-.

Costa sur del África Occidental. Cabeza de reina belfa con elaborado peinado

Utiliza una corona y un peculiar adorno sobre la frente.

-Foto Google-Panorama 2005-.

Los Reyes Azules al suroeste de las pirámides. Cabeza de Rey Atlante.

-Foto Google-Panorama 2005-.

Los Reyes Azules al suroeste de las pirámides.

Cabeza de Reina Atlante, coronada.

Nota:

En este caso la dualidad macho y hembra se expresan invirtiendo la imagen desde el aire. -Foto Google-Panorama 2005-.

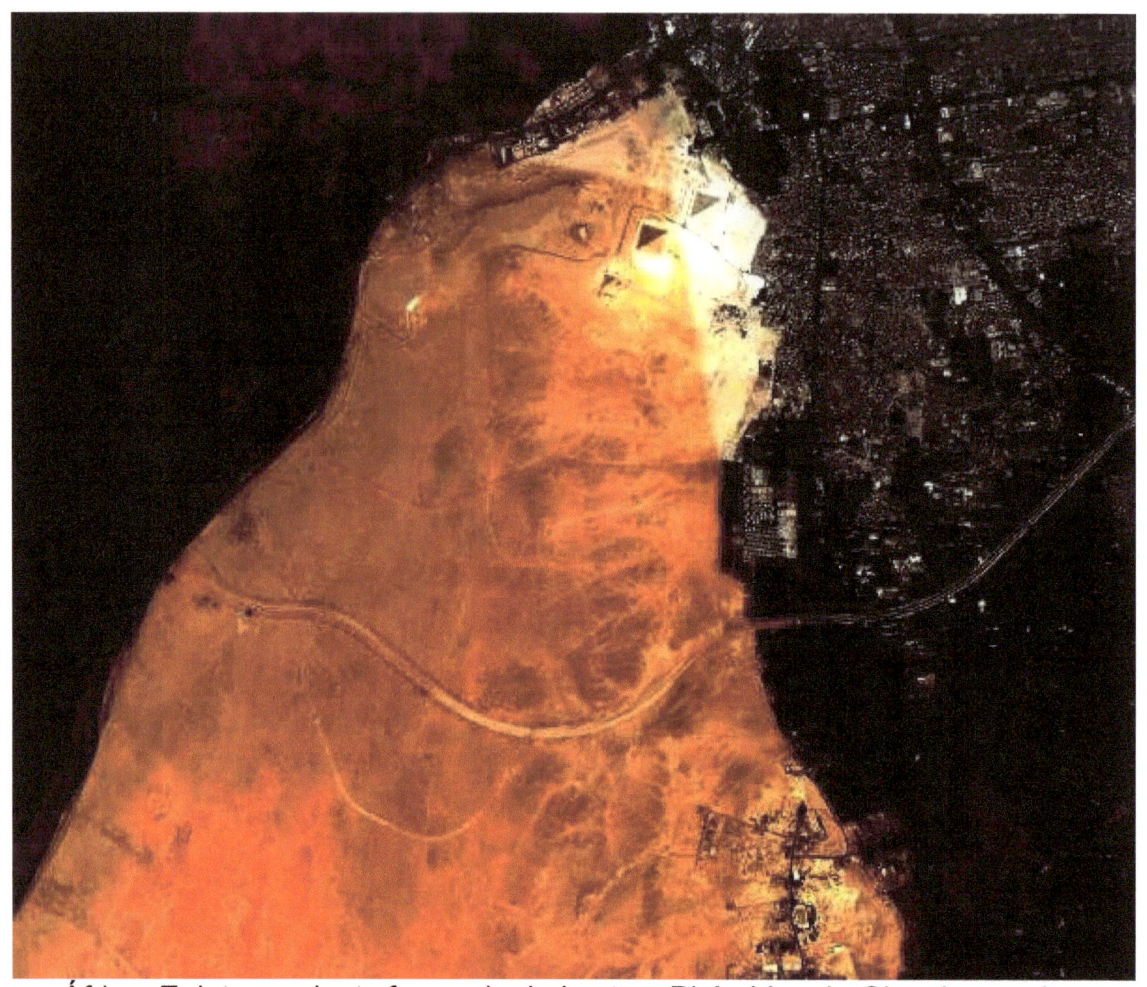

África, Egipto, conjunto funerario de las tres Pirámides de Giza, las cuales actúan como una guirnalda, adornando la cabeza de una hechicera. -Foto Google-Panorama 2005-.

VI

MADAGASCAR

África, Madagascar, cabeza de gigante con dientes, asomando en forma de gusano. -Foto Google-Panorama 2005-.

VII

EL MAR ROJO.

Mar Rojo, 1 cabeza de roedor a punto de comerse un animal marino 2 parecido a una tortuga. -Foto Google-Panorama 2005-.

VIII

EL ESTRECHO DE GIBRALTAR

África y Europa, las cabezas que conforman el Estrecho de Gibraltar.

-Foto Google-Panorama 2005-.19 Cabeza de oso o de león.

1) Cabeza humana con chivera. 2) Cabeza de león. 3) Cabeza humana con facciones africanas. 4) Cabeza de persona con tapabocas.5) Cabeza de animal con la boca abierta. -Foto Google-Panorama 2005-.

Es apenas obvio que el Estrecho de Gibraltar fue hecho a mano y una de las obras más portentosas de los Nefilim de aquel entonces, lo que les adquirió el titulo pa aquellos que lo hicieron de **"héroes de la antigüedad, varones de nombre"**, tal como está narrado en la Biblia en Gen. 6, 1-4 y siguientes. -Nótese el lado recto del lado de las costas de España. Los Nefilim (en este caso los atlantes) dejaron sus perfiles a ambos lados del Estrecho de Gibraltar, como recuerdo de esa hazaña portentosa y necesaria para el comercio de la Atlántida con sus colonias, sin embargo, fueron incapaces de someter a los griegos y convertirlos en parte de sus dominios.

IX

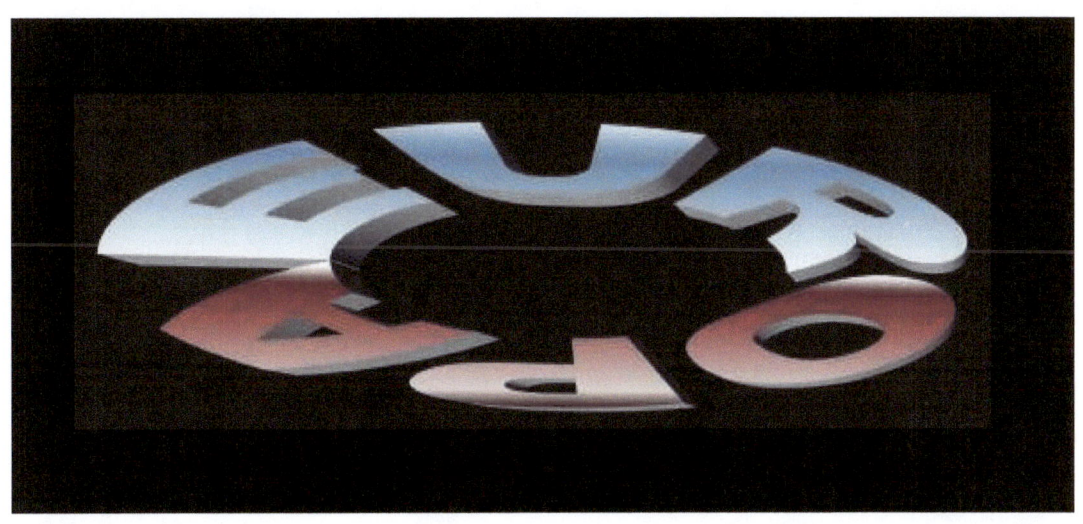

Espana, máscara de león

-Foto Google-Panorama 2005-.

Francia, País del Langedoc
-Foto Google-Panorama 2005-.

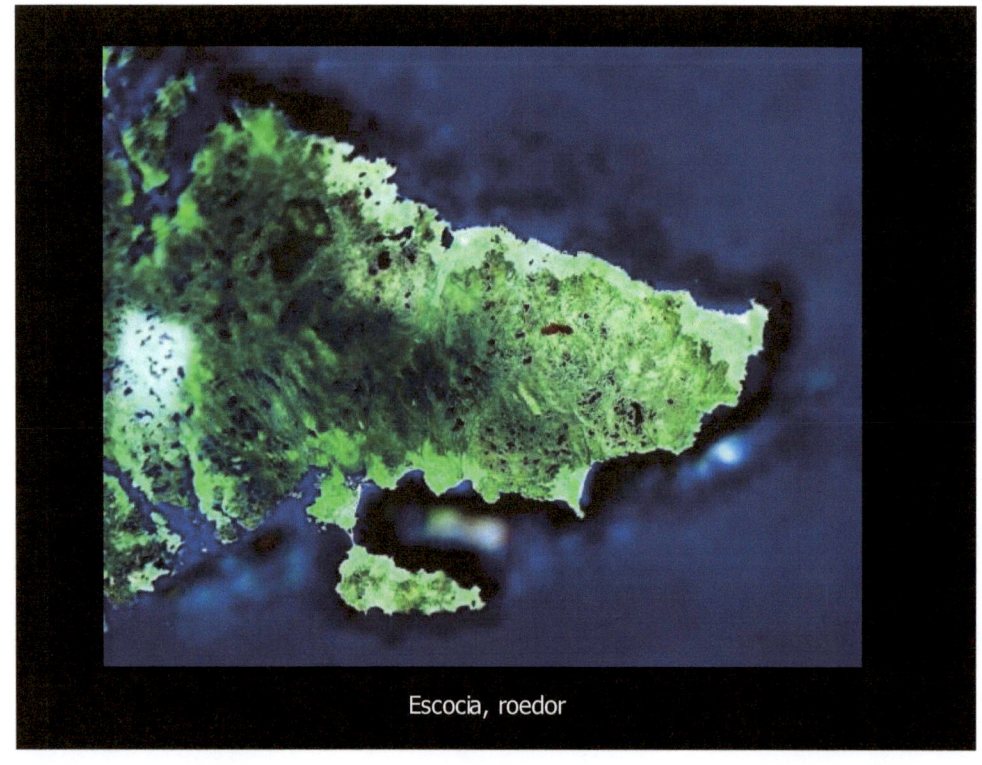

Escocia, roedor

-Foto Google-Panorama 2005-.

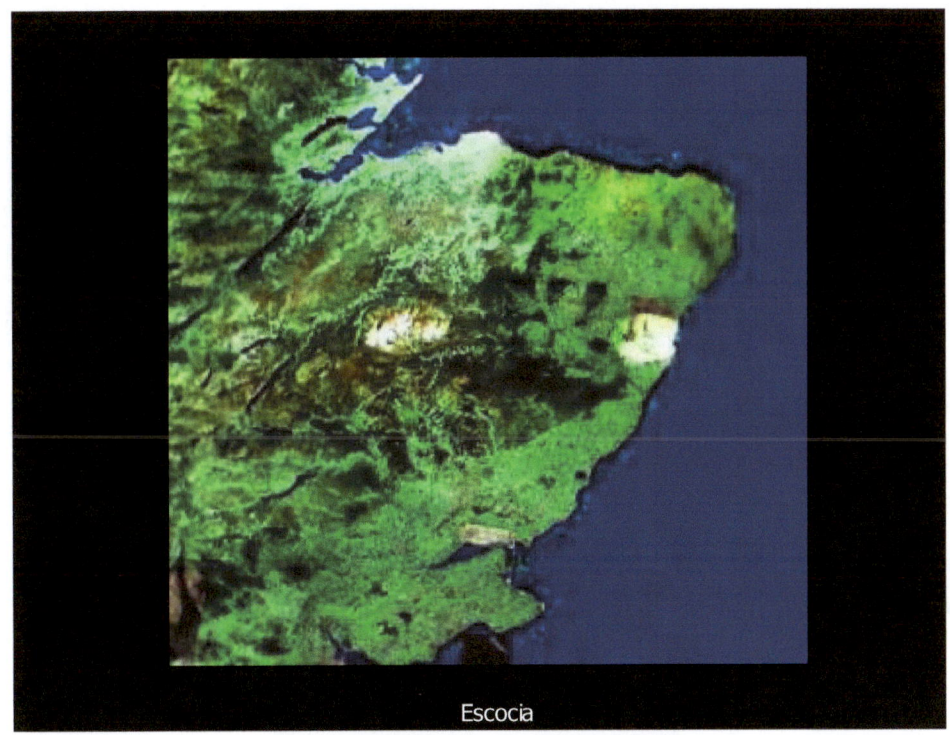

Escocia

-Foto Google-Panorama 2005-.

Irlanda, bisonte lanudo

-Foto Google-Panorama 2005-.

-Foto Google-Panorama 2005-.

-Foto Google-Panorama 2005-.

-Foto Google-Panorama 2005-.

X

LAS CIVILIZACIONES MÁS ANTIGUAS EN EL FONDO DEL MAR

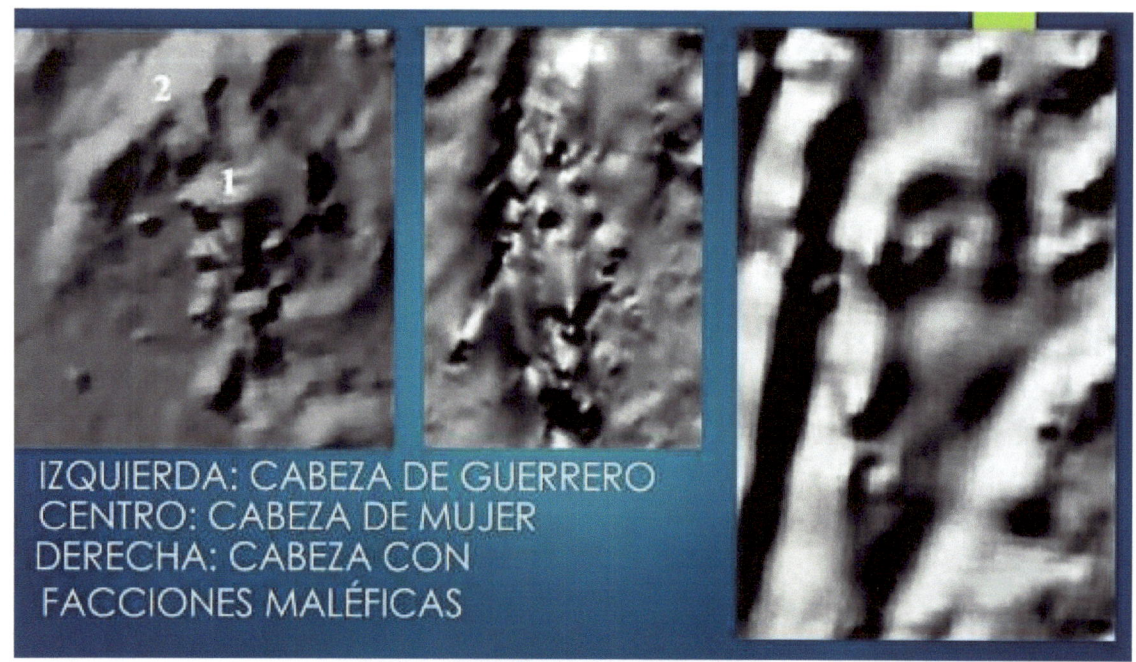

IZQUIERDA: CABEZA DE GUERRERO
CENTRO: CABEZA DE MUJER
DERECHA: CABEZA CON FACCIONES MALÉFICAS

Fotos Google-Panorama 2005

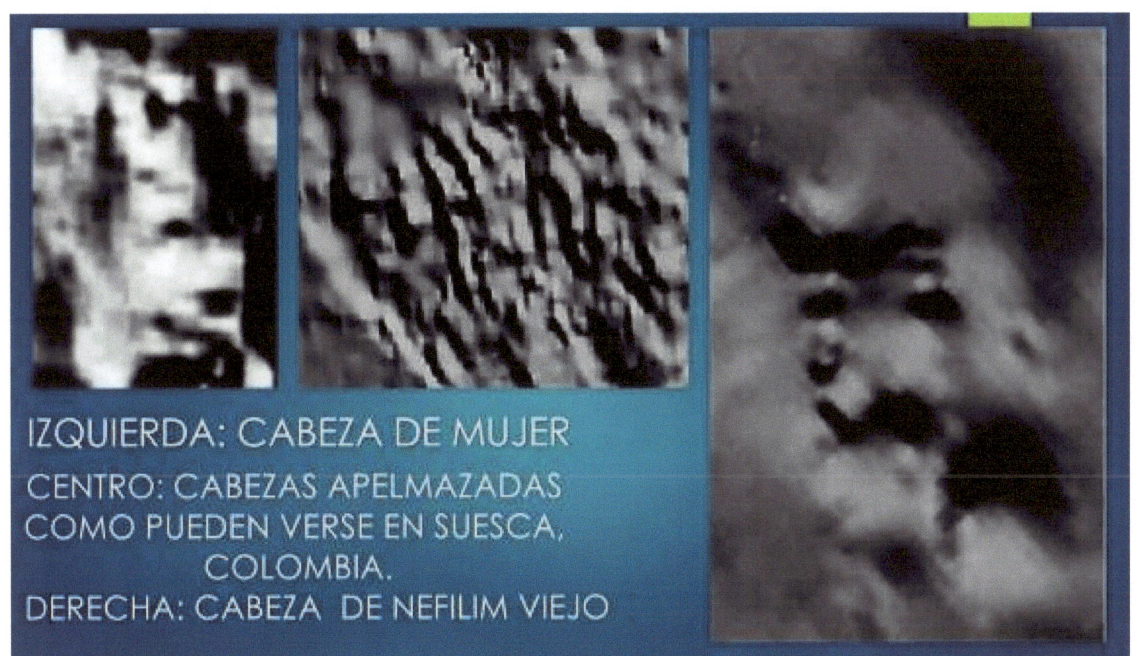

Fotos Google-Panorama 2005

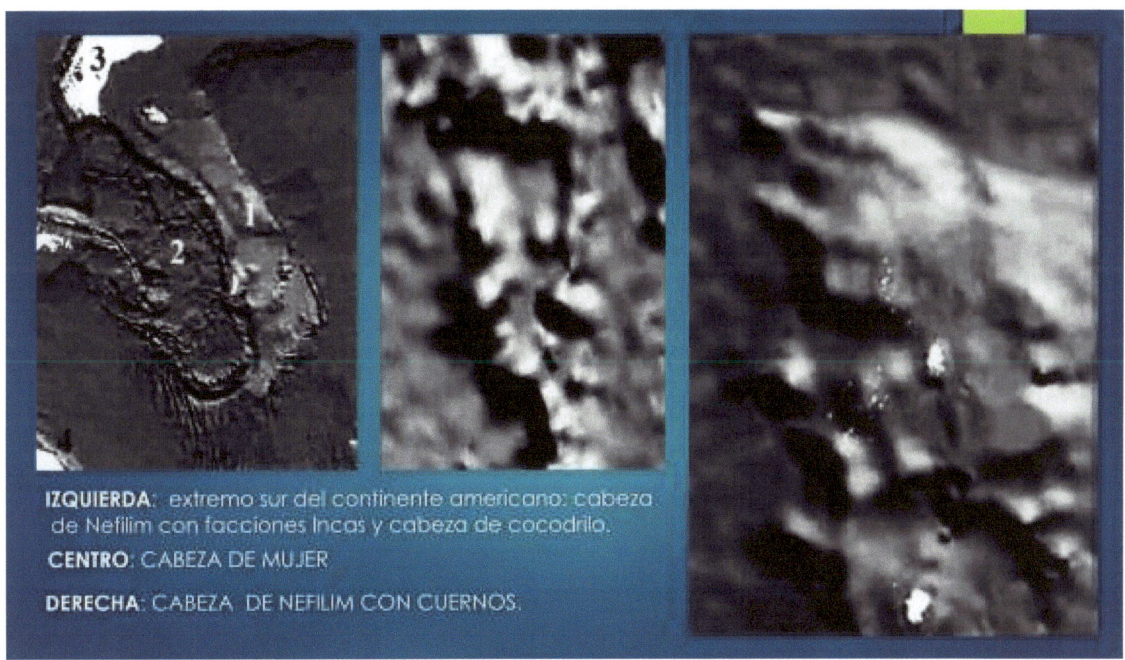

Fotos Google-Panorama 2005.

FANTÁSTICO DESCUBRIMIENTO:

Foto Google-Panorama 2005.

Con razón decía Platon:

"Mil civilizaciones han existido y mil más volverán a desaparecer".

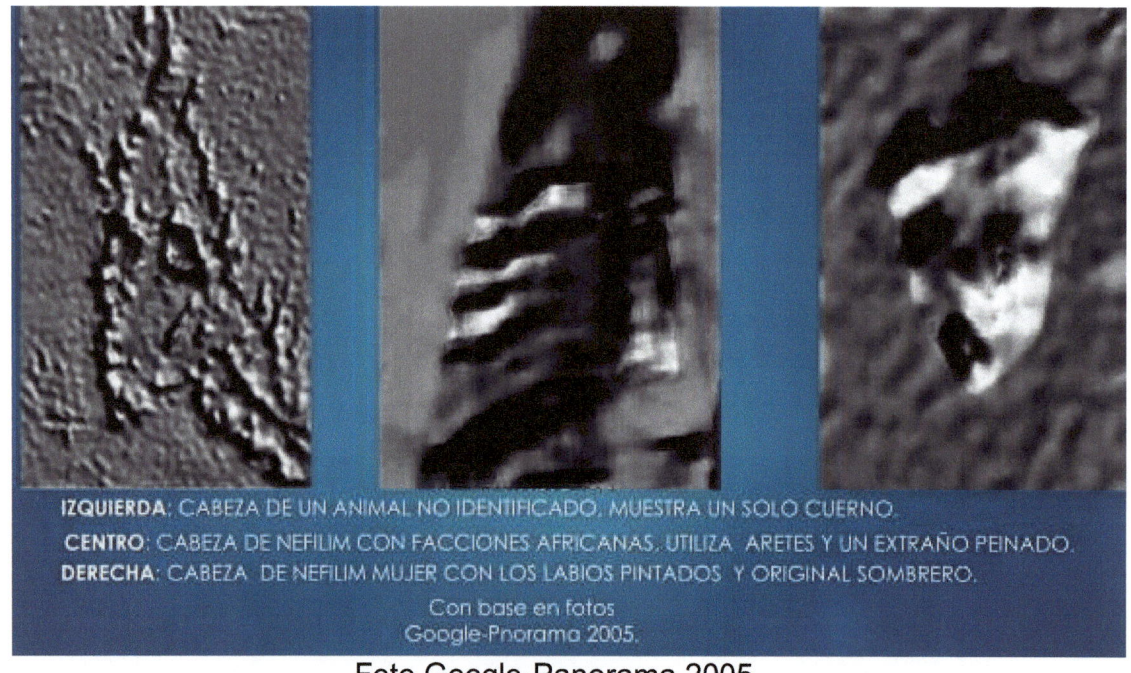

Foto Google-Panorama 2005.

XI

OTRAS CIVILIZACIONES CONECTADAS CON LEMURIA Y/O CON LA ATLÁNTIDA

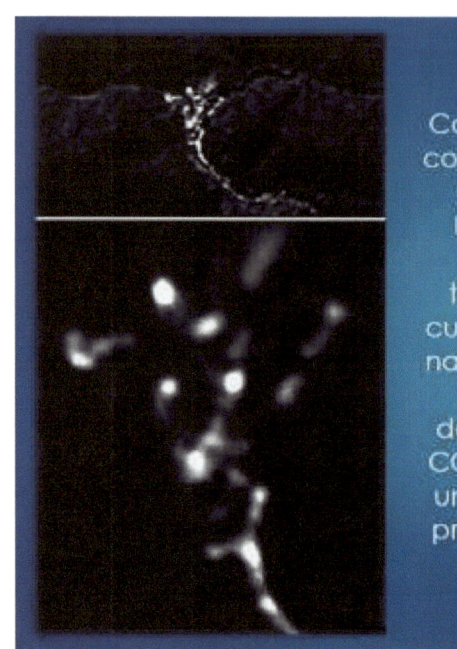

PERÚ, MACHU-PICCHU

Cabeza de dragón. Es impresionante observar como desde gran altura Machu-Picchu semeja una enorme cabeza de dragón, con el río Urubamba delimitándola por un costado y sirviéndole para formar el cuello. Pueden también observarse tres cuernos, y como el cuerno central se proyecta hacia adelante. La nariz y los ojos están claramente marcados por las puntas de las montañas. Aunque este descubrimiento lo analicé a fondo en mi libro CODEX, EL DESCUBRIMIENTO DE LA ATLÁNTIDA, una breve descripción no podía faltar en una presentación como esta. Etapa degenerativa final. -con base en foto Google 2005-.

Foto Google-Panorama 2005.

Ollantaytambo, Perú

1 Amenazadora cabeza de demonio. **2** La cresta de las alas del buitre –protector- la forma el río Urubamba y el plumaje las montañas de los Andes. La cabeza del buitre es claramente visible y apunta hacia el rostro de un aterrador demonio de ojos rasgados, enorme boca y nariz puntiaguda. Es un misterio como visualizaron los incas estos enormes monumentos y la forma de la ciudad a menos de que su construcción y diseño hubiese sido dirigida desde el aire. Ninguna otra explicación es posible. Muchas culturas han existido en ese lugar desde tiempos milenarios –como es el caso de Troya-, y la verdad tal vez no la conozcamos nunca. -con base en foto Google 2005-.

Perú, Ollantaytambo: diálogo entre enorme buitre volador y una amenazadora cabeza de demonio.

Foto Google-Panorama 2005.

XII

Colombia y Venezuela, Golfo de Maracaibo, 'coqueteo'
Foto Google-Panorama 2005

Colombia, Tolima. Izquierda cabeza de hechicero. Derecha, cabeza de gigante
Fotos Google-Panorama 2005.

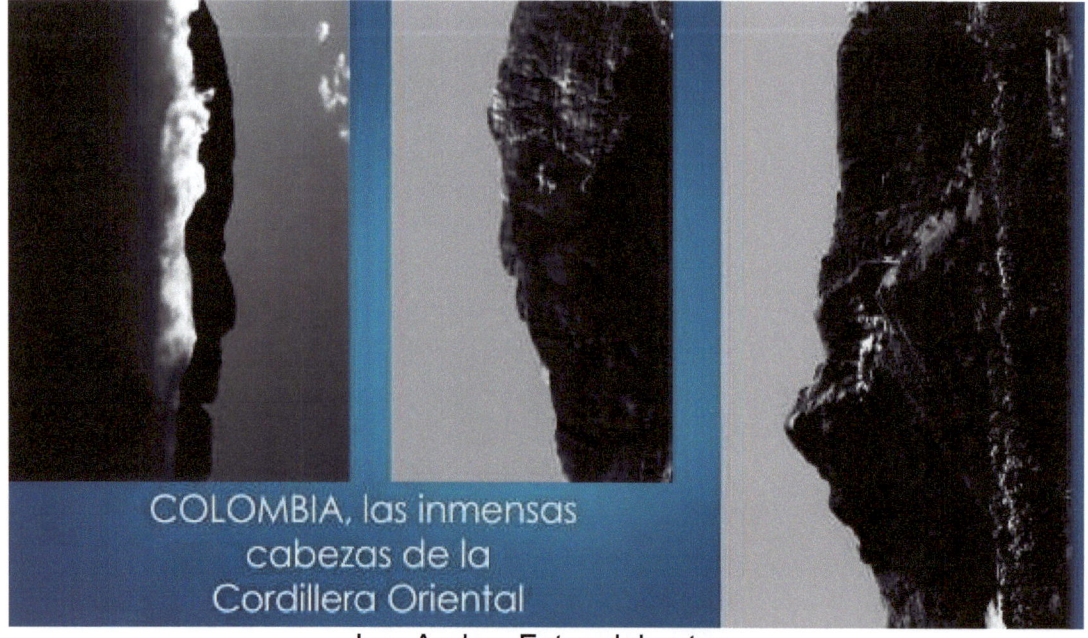

Los Andes. Fotos del autor.

Venezuela, Delta del Amacuro

Foto Google-Panorama 2005.

Brasil, perfil de gigante,   Ecuador, perfil 'Inca'

Delta del Amazonas   nótese el cuerno

Foto Google-Panorama 2005.

Ecuador, Peru y Colombia, puma

Con base en foto Google-Panorama 2005.

Magdalena, Colombia, hombre gritando

Foto Google-Panorama 2005.

Gigantesco sarcófago de gigante o Nefilim de alta jerarquía., de casi 2 km de largo rodeado de cabezas de Nefilim talladas en la montañaEn la parte más alta existe una pirámide con la cabeza del difunto yque veremos en la siguiente fotografía. Última etapa degenerativa -foto del autor, 2018-.

Desde la carretera a Neiva, Colombia, foto del autor, 2018.

Honda, Colombia. Coronando la parte más alta del sarcófago de la foto anterior, existe una pirámide con la cabeza de un Nefilim y presenta con sus orejas los rasgos de una oveja o bovino como resultado de esta interacción perversa entre un angel caído y un animal. Última etapa degenerativa -foto del autor, 2018-.

Desde la carretera a Neiva, Colombia, foto del autor, 2018.

Sarcófago de gigante.

En este sarcófago pueden observarse en los extremos extrañas luminiscencias a manera de efluvios magnéticos, tal vez generados por la descomposición u otra razón desconocida. los Nefilim eran una mezcla de ángel caído y humana, razón por la cual desconocemos su ADN o su comportamiento después de la muerte. Última etapa degenerativa –con base en foto Google-NASA, 2005-.

Patagonia, salamandra

Foto Google-Panorama 2005.

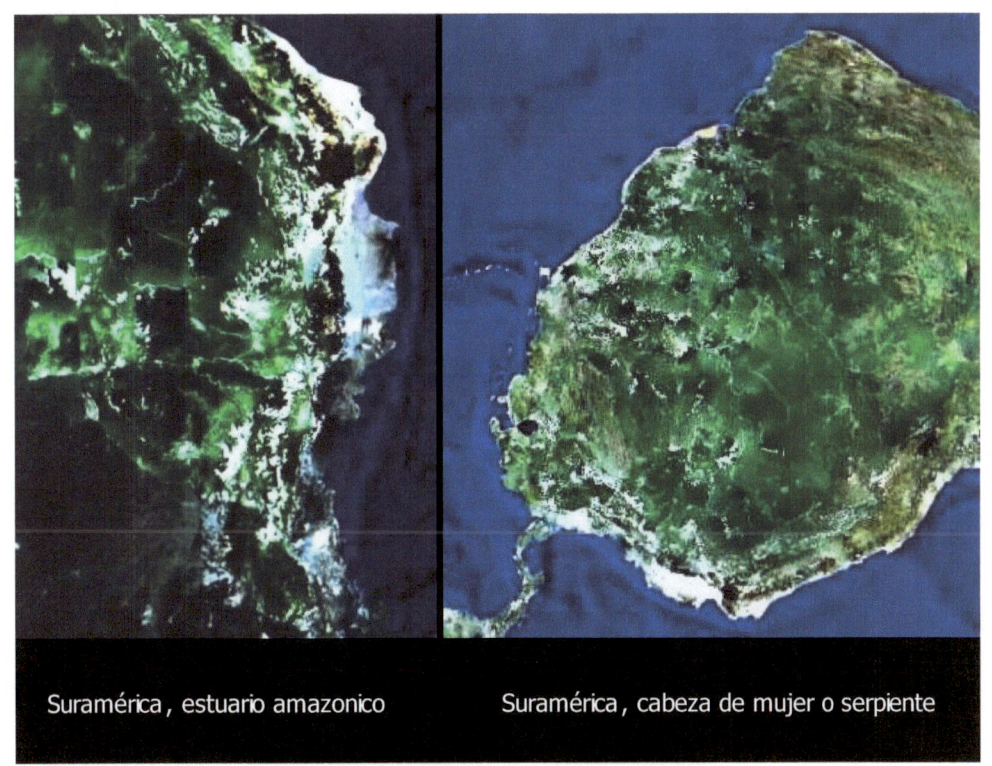

Suramérica, estuario amazonico   Suramérica, cabeza de mujer o serpiente

Foto Google-Panorama 2005.

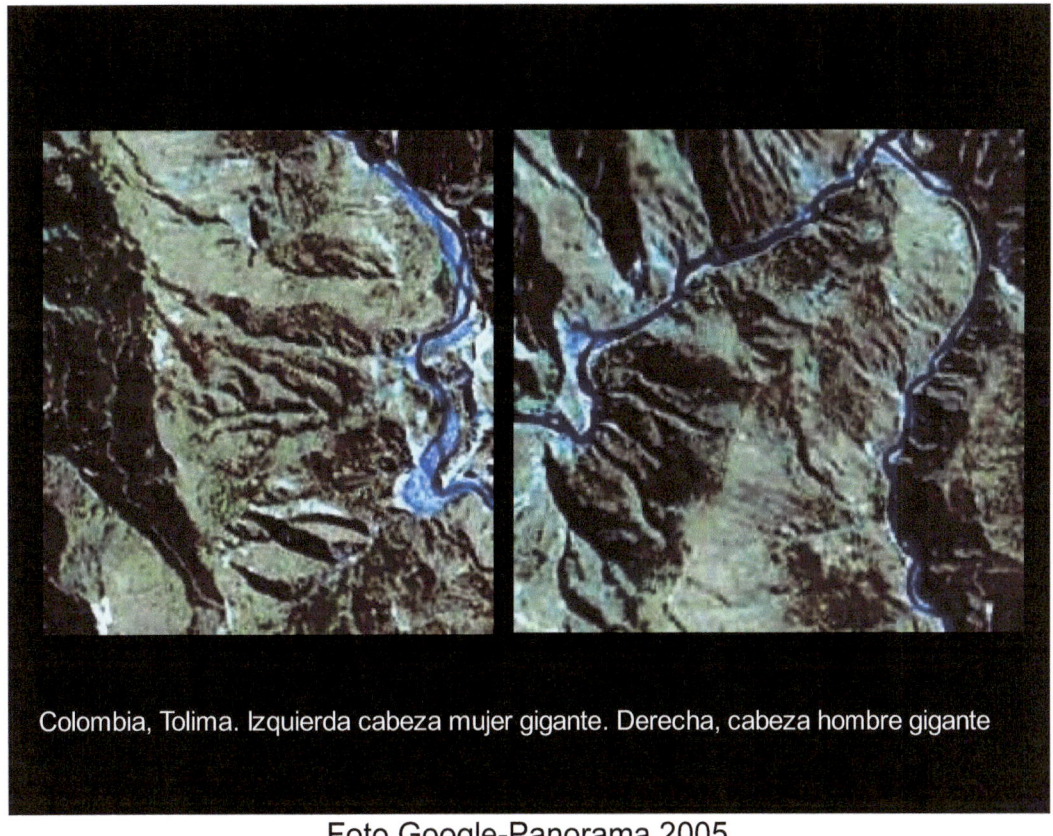

Colombia, Tolima. Izquierda cabeza mujer gigante. Derecha, cabeza hombre gigante

Foto Google-Panorama 2005.

Cali, Colombia, cabeza de lobo
Foto Google-Panorama 2005.

Colombia y Venezuela, cabeza de gigante
Foto Google-Panorama 2005.

XIII

Norteamérica, México y Centro América, Elefante y delfín
Foto Google-Panorama 2005.

USA, California, T-Rex o cocodrilo
Foto Google-Panorama 2005.

México, jaguar
Foto Google-Panorama 2005.

XIV

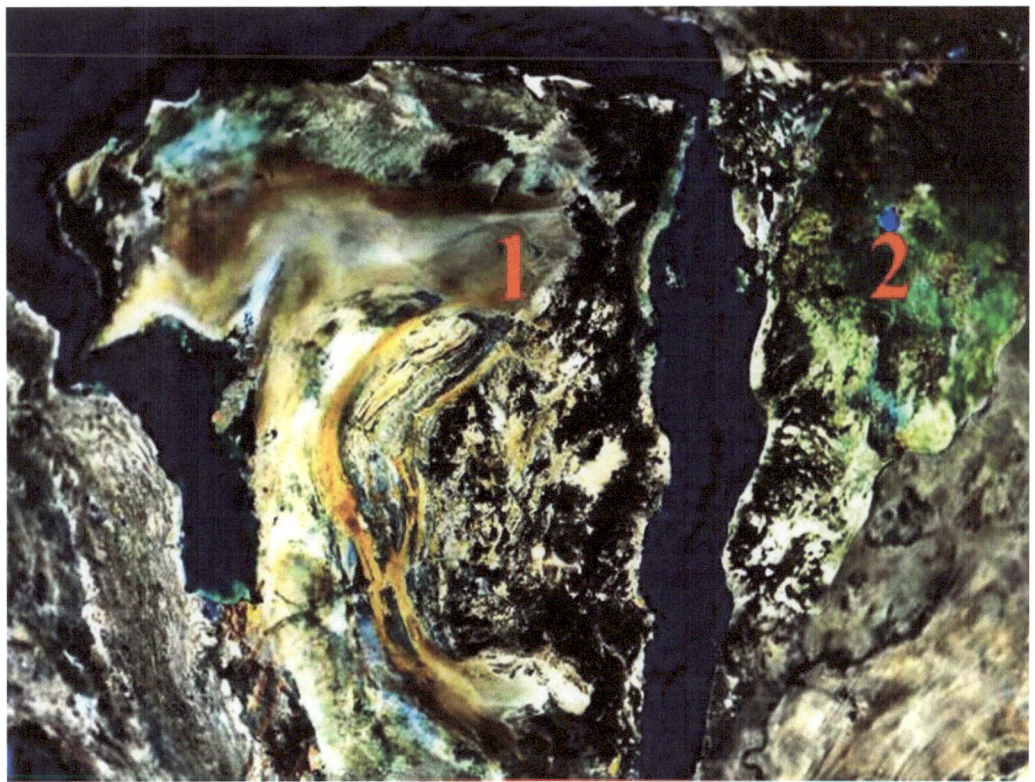

Arabia Saudita, los Emiratos Árabes Unidos, Yemen y Omán, 1- Calavera cubierta por una corona y envuelta con una gaza al estilo de las tribus nómadas del Desierto del Sahara. 2- Cabeza de Jeque Árabe barbado, con una gran joya en la frente. En la zona donde se encuentran los Emiratos Árabes Unidos, se encuentra atado en las profundidades el ángel caído Azael, el cual según Dios es el peor de todos ellos. Ese ángel fue el que les enseñó a las mujeres a maquillarse los ojos usando antimonio. -Foto Google-Panorama 2005-.

XV

LA IRA DE DIOS

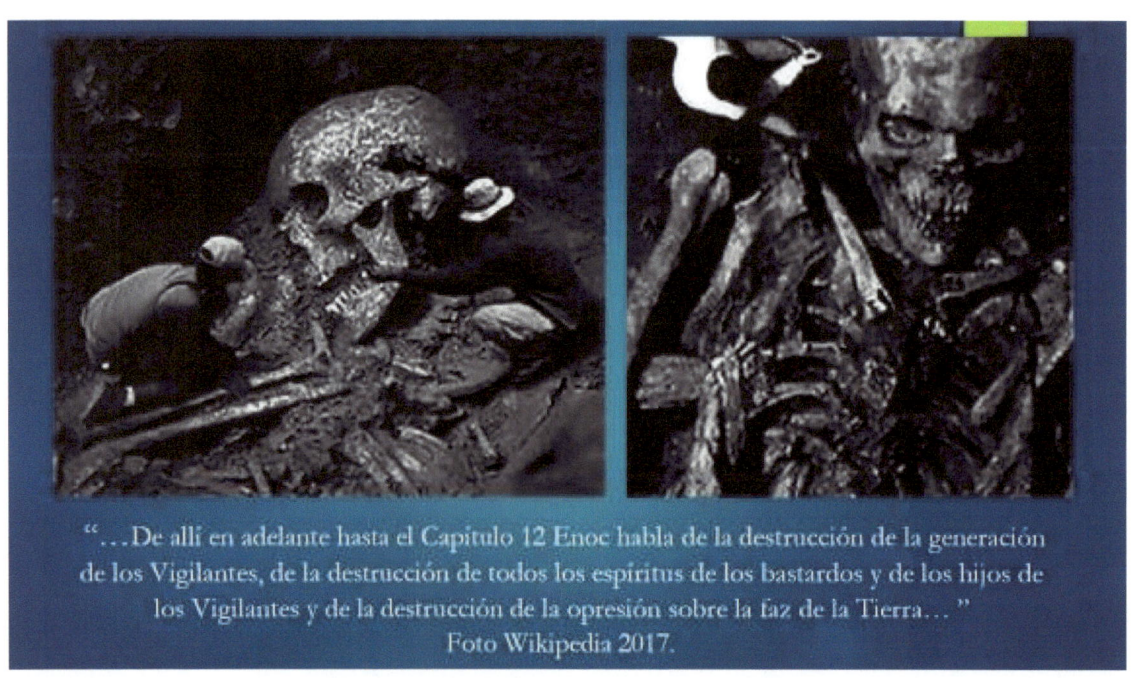

"...De allí en adelante hasta el Capítulo 12 Enoc habla de la destrucción de la generación de los Vigilantes, de la destrucción de todos los espíritus de los bastardos y de los hijos de los Vigilantes y de la destrucción de la opresión sobre la faz de la Tierra..."
Foto Wikipedia 2017.

XVI

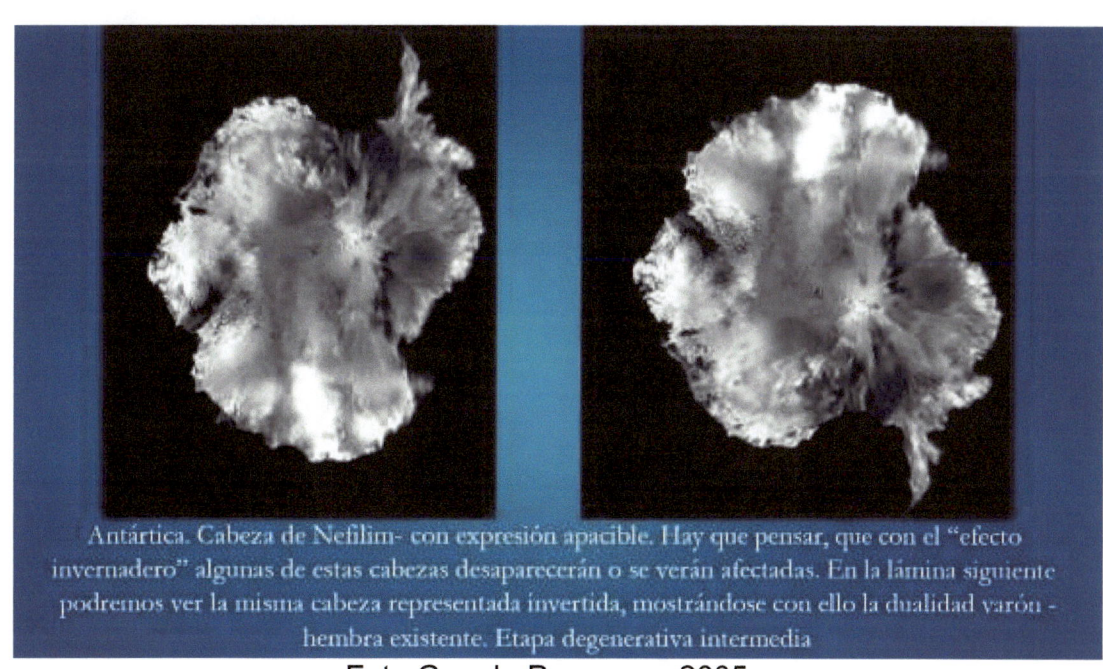

Antártica. Cabeza de Nefilim- con expresión apacible. Hay que pensar, que con el "efecto invernadero" algunas de estas cabezas desaparecerán o se verán afectadas. En la lámina siguiente podremos ver la misma cabeza representada invertida, mostrándose con ello la dualidad varón - hembra existente. Etapa degenerativa intermedia

Foto Google-Panorama 2005.

XVII

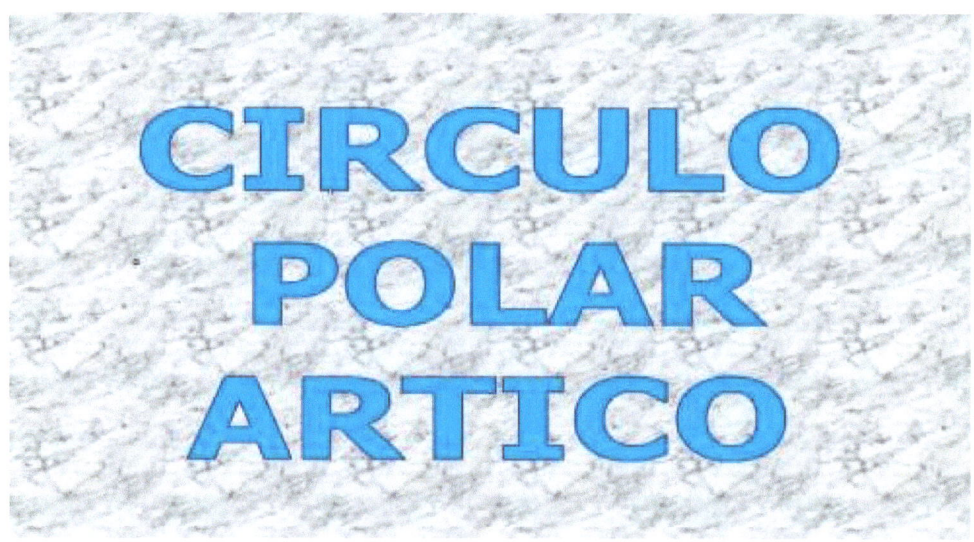

Canadá, archipiélago del Círculo Polar Ártico, cabeza de Tucan

Circulo Polar Artico, mujer sonriente de mirada perversa, coronada.

. -Foto Google-Panorama 2005-.

Círculo Polar Ártico, cabeza de puma, interacción de un Nefilim o de su padre, un angel caído, con un puma. -Foto Google-Panorama 2005-.

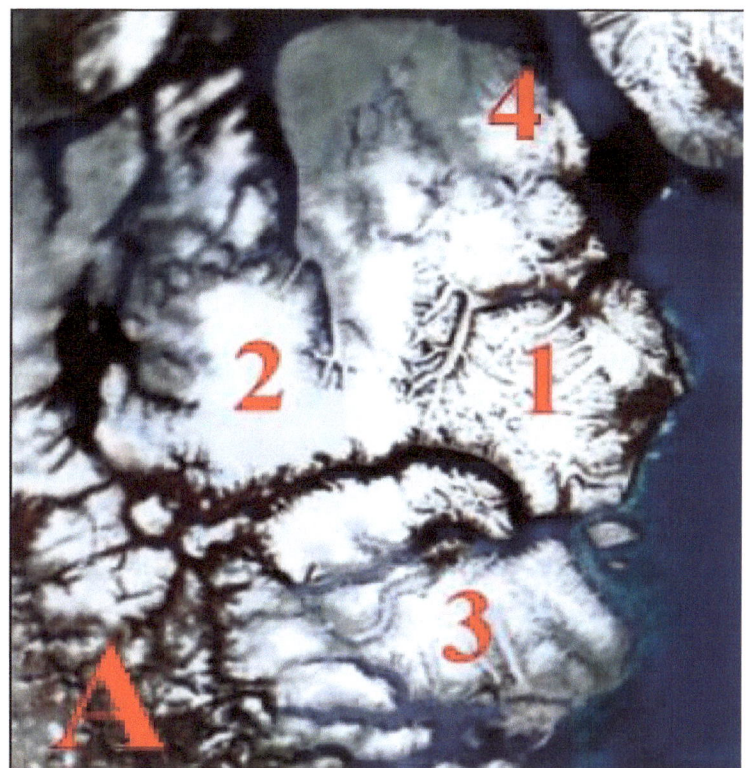

Círculo Polar Ártico, conjunto de 4 cabezas.   -Foto Google-Panorama 2005-.

Cabeza de gigante gruñón con un solo diente. -Foto Google-Panorama 2005-.

Círculo Polar Ártico, cabeza de gigante con arete y enorme cuerno.

-Foto Google-Panorama 2005-.

Círculo Polar Ártico, 'diálogo'. -Foto Google-Panorama 2005-.

Círculo Polar Ártico, isla, enrace de Vigilante y rinoceronte.

-Foto Google-Panorama 2005-.

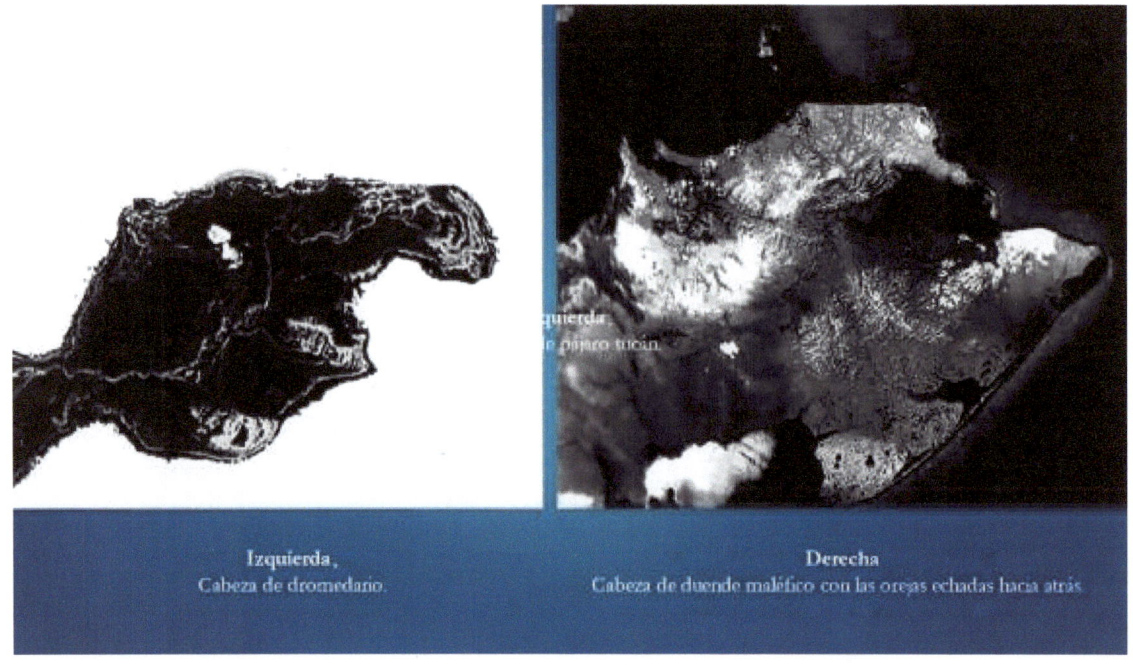

Izquierda, Cabeza de dromedario.

Derecha, Cabeza de duende maléfico con las orejas echadas hacia atrás.

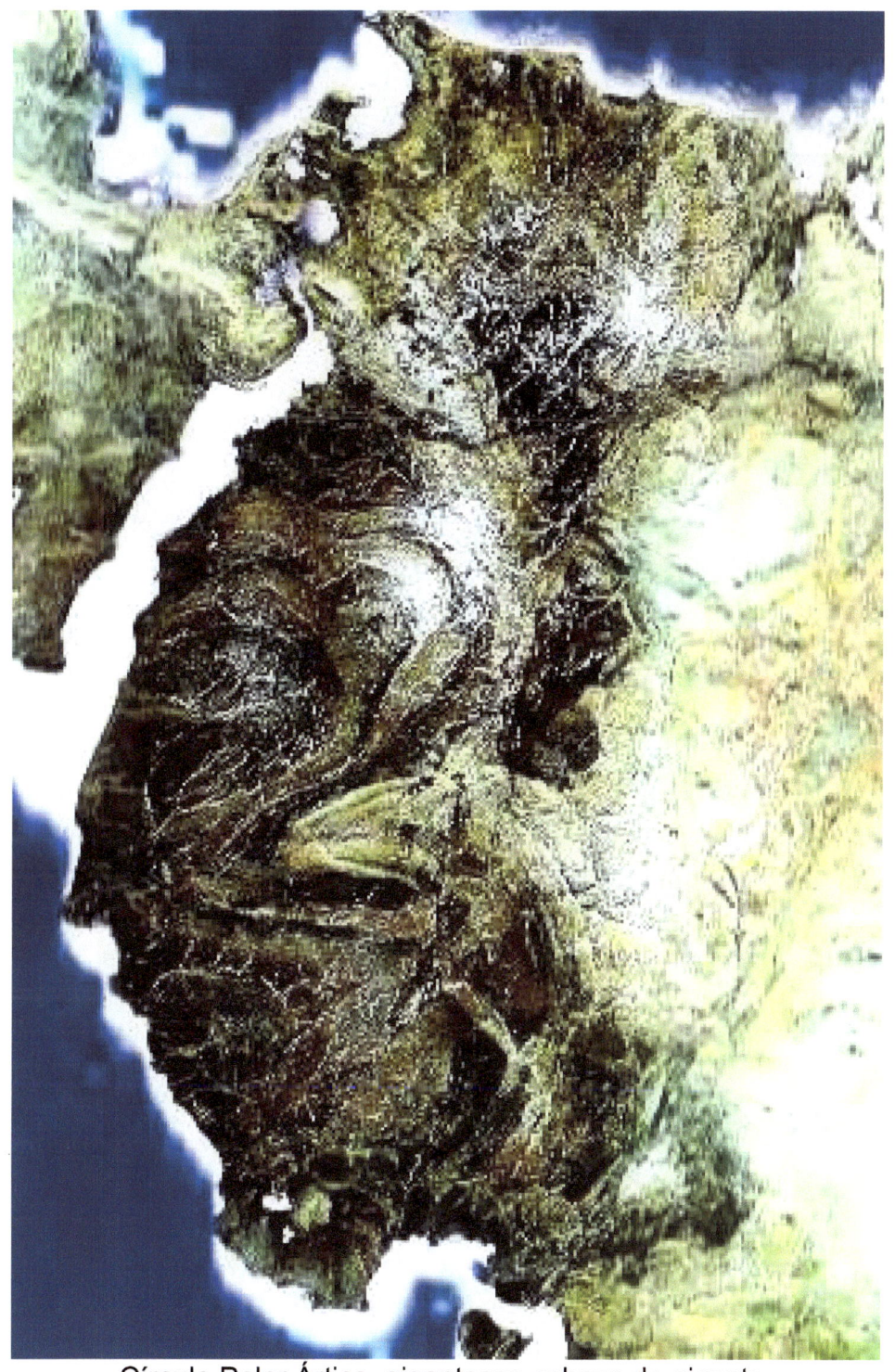

Círculo Polar Ártico, gigantesca cabeza de gigante, obsérvese la cresta o cuerno. -Foto Google-Panorama 2005-.

Cabeza de gigante, observese el "corte de pelo al estilo militar de hoy en dia".

-Foto Google-Panorama 2005-.

-Cabeza de gigante gruñón. -Foto Google-Panorama 2005-.

XVIII

Australia, cabeza de gigante gruñón con arete. -Foto Google-Panorama 2005-.

XIX

Las Islas y los Grandes Lagos

Islas Galápagos cabeza de cebra, -Foto Google-Panorama 2005-.

Isla de Robinson Crusoe, Chile, cabeza de 'embalsamado'.

Nótense los dientes. -Foto Google-Panorama 2005-.

Isla de Robinson Crusoe, T-Rex. -Foto Google-Panorama 2005-.

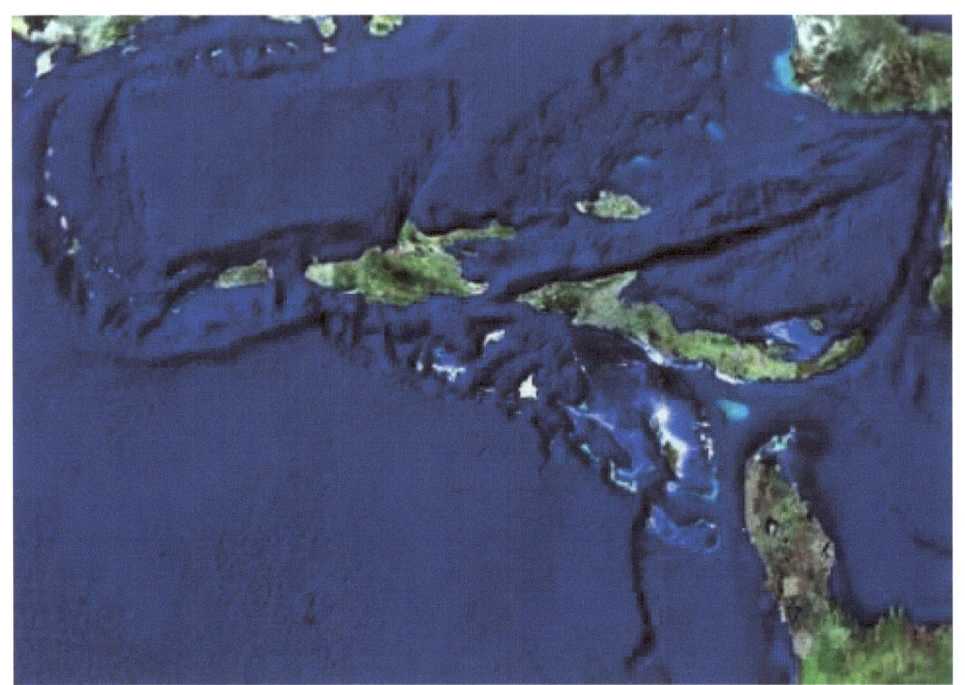

El Caribe, un impresionante esqueleto de anguila sumergido. Ostenta una lengua que apunta hacia abajo. -Foto Google-Panorama 2005-.

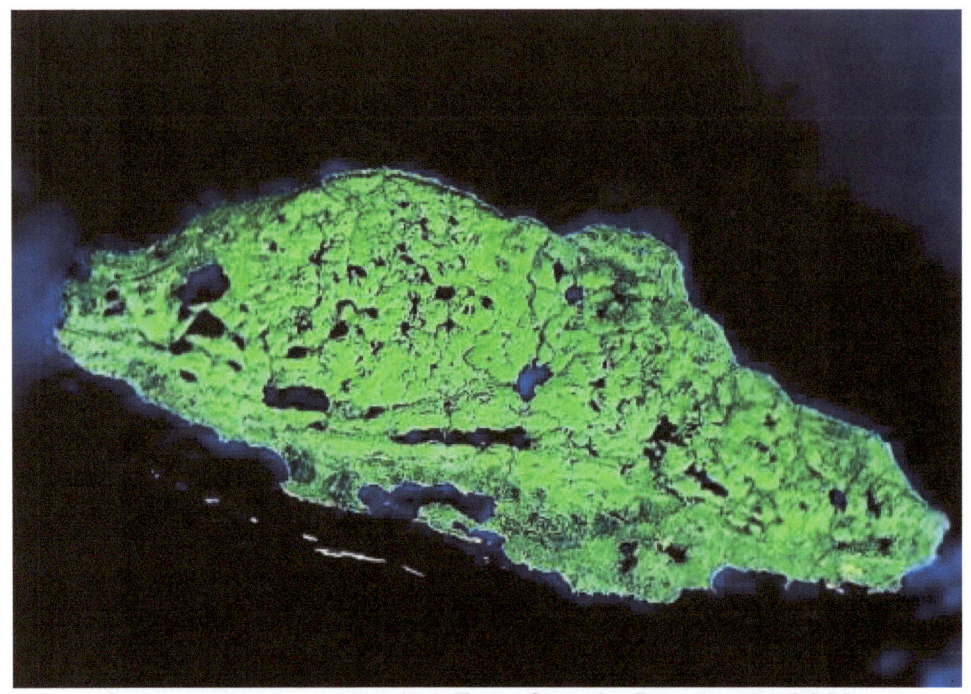

Cabeza de pez o saurio. -Foto Google-Panorama 2005-.

-Foto Google-Panorama 2005-.

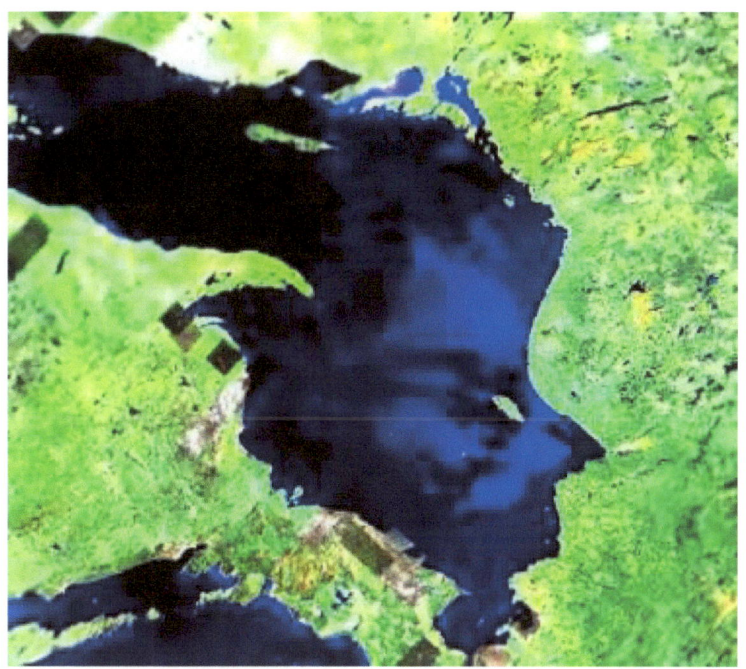

Los Grandes Lagos, rostro de mujer, nótense las cabezas del fondo, una de las cuales tiene dos cuernos. -. -Foto Google-Panorama 2005-.

Los Grandes Lagos, cabeza de gigante, -Foto Google-Panorama 2005-.

Los Grandes Lagos, interacción de un angel caído y una ballena creando un animal gigantesco de varias hectáreas. -Foto Google-Panorama 2005-.

De varias hectáreas. -Foto Google-Panorama 2005-.

Los Grandes Lagos, cabeza de gigante bajo el agua.

-Foto Google-Panorama 2005-.

Los Grandes Lagos, cabeza de gigante bajo el agua.

-Foto Google-Panorama 2005-.

XX

Hawai, Parque de los Volcanes, -Foto Google-Panorama 2005-.

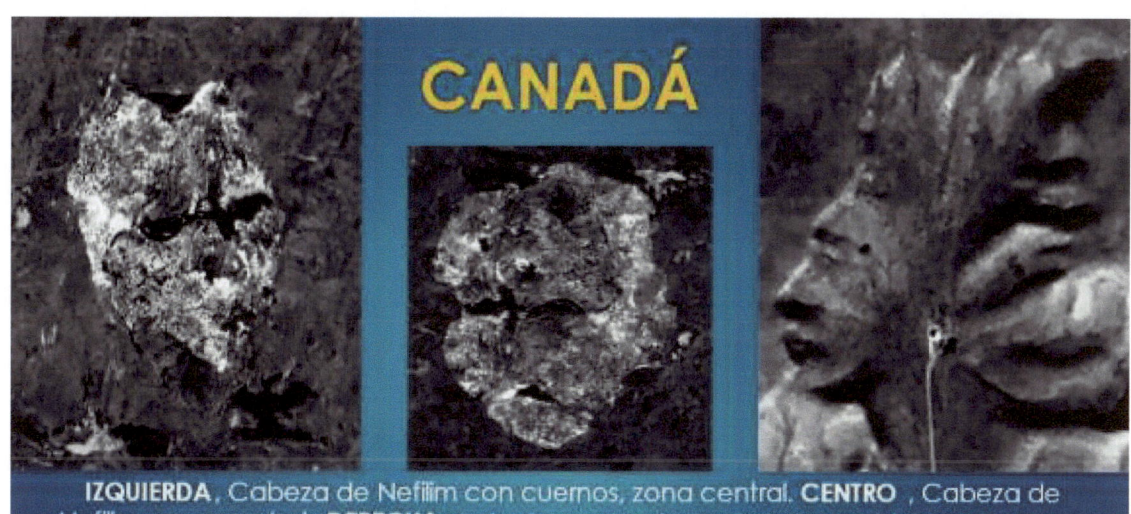
-Foto Google-Panorama 2005-.

-Foto Google-Panorama 2005-.

USA, Estrecho de Bering, dos gigantes conversando
-Foto Google-Panorama 2005-.

Canadá: Izquierda cabeza de demonio. Derecha monstruo engullendo a otro animal.

-Foto Google-Panorama 2005-.

XXI

India, cabeza de mujer
-Foto Google-Panorama 2005-.

China y Rusia cabeza de gigante hombre   India y China, cabeza de gigante mujer

-Foto Google-Panorama 2005-.

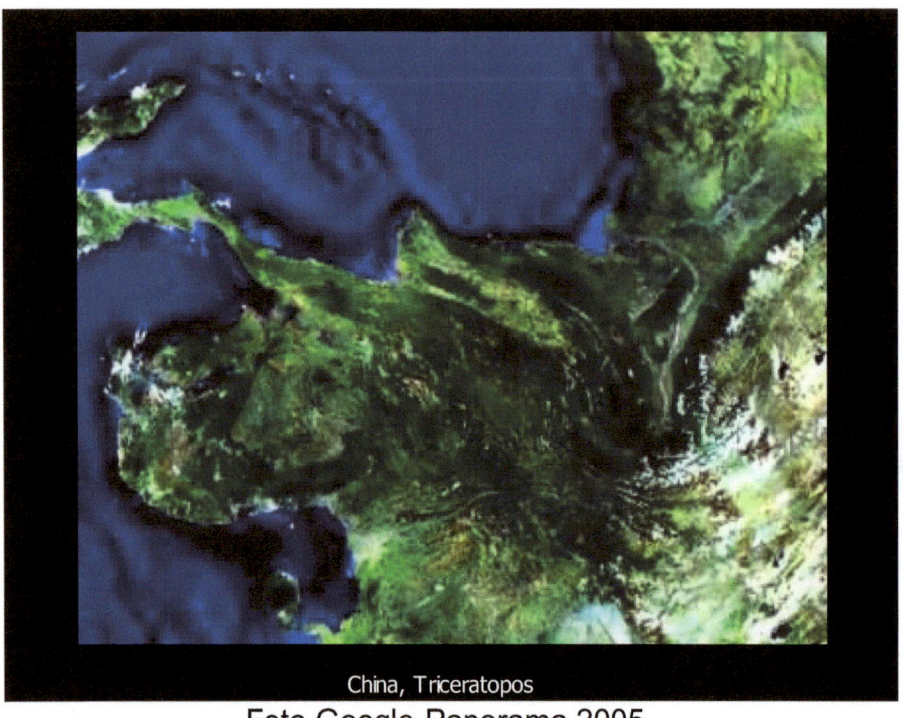

China, Triceratopos

-Foto Google-Panorama 2005-.

China, dragon o caballo de mar

-Foto Google-Panorama 2005-.

India, cabeza de gigante amenazante

-Foto Google-Panorama 2005.

India, mujer gigante con hijo sobre su regazo, Tambien aparece otra figura con cabeza de animal parecido a un oso, el cual deja ver sus ojos.
-Foto Google-Panorama 2005.

India, cabeza de animal prehistórico
-Foto Google-Panorama 2005.

Y esto querido lector es una parte pequeña de este estudio, uno fotográfico en que se manifiesta claramente una interacción entre los ángeles caídos o sus hijos los Nefilim y los humanos y/o con las hijas de los hombres. Si fueron sus descendientes - los gigantes o Nefilim - los que realizaron estas obras monumentales plasmadas en la piedra y en las rocas de los continentes, o fueron únicamente los ángeles caídos, no lo sé. De lo que sí estoy seguro es que fue uno de los dos. Ojalá los científicos abran los ojos y no intenten tapar el sol con las manos. El "Libro de Enoc" escrito durante un período de 400 años, narra una historia verídica en cuanto a las causas y a la violencia sanguinaria que provocaron que Dios se doliera en su Corazón y enviara el Diluvio Universal.

Es apenas obvio que, si los ángeles caídos y sus hijos los Nefilim pudieron dejarnos algunos de estos impresionantes testimonios, ellos apenas nos muestran un grano de arena de ese inmenso poder que tiene Dios. La desaparición de Lemuria no escapó a sus ojos. Las ruinas de Mohenjo-Daro y las arenas vitrificadas en el Desierto de Gobi en el África, no dejan duda de que una gran catástrofe nuclear tuvo lugar en el pasado. Una catástrofe que fue capaz de barrer con olas gigantescas toda la tierra.

Los vestigios encontrados de miles de huesos de animales amontonados en Karoo en el sur de África demuestran que enormes olas barrieron y sepultaron continentes enteros, arrastrando todo a su paso. Karoo se separó de Gondwana hace unos 320 millones de años y esta ruptura fue parte de su cataclismo. Hoy dia migraciones de miles de animales que se dirigen al sur tienen lugar y es tal vez un recuerdo ancestral de dicho cataclismo.

Ruinas de Mojenho-Daro, una ciudad destruida por una explosión nuclear dos mil años antes de Cristo. Sus ruinas se encuentran a orillas del rio Indo, en el actual Pakistán. Fue quizás el asentamiento urbano más importante de aquel entonces -Foto Wikipedia 2021.

Sabemos que Rusia cuenta con una enorme arma secreta submarina llamada Poseidón, con un poder destructivo de 100 megatones capaz de provocar olas radioactivas de 500 mt de altura. Algo similar sucedió en el pasado y eso explica las destrucciones atómicas que tuvieron lugar y la desaparición de ciudades y continentes enteros como Lemuria que hoy yacen en el fondo del mar.

Espero que este modesto ensayo investigativo aporte alguna luz sobre lo que sucedió en el pasado y nos prepare para afrontar la Gran Tribulación que está a la puerta. Según las palabras del mismo Jesús, *"una tribulación tan grande cual no la ha habido, ni la volverá a haber desde el comienzo del mundo"*. La destrucción de la Atlántida, la de Mojenho-Daro o el hundimiento de Lemuria son pálidos reflejos de lo que se aproxima. No pasará esta generación sin que la viva. Preparémonos pues con la oración, la meditación y con las buenas obras, cumplamos los 10 Mandamientos de la Ley de Dios y practiquemos la Obras de Misericordia. Que no nos coja la Gran Tribulación con las manos vacías.

XXII

CONCLUSIONES Y BREVE SEMBLANZA DEL AUTOR.

Algo grande, desconocido y aterrador sucedió en el pasado que llevó a Dios a cambiarlo todo con el Diluvio Universal y no deja ninguna duda en cuanto a que:

1) El "Libro de Enoc" y la Biblia no se contradicen y son complementarios.

2) Los Vigilantes existieron.

3) Los Nefilim existieron y

4) ...*fueron los grandes héroes de la antigüedad, varones de nombre.*

5) Toda la mitología –particularmente la griega, la egipcia, la maya, la india y la china- encierran un gran cúmulo de historias verdaderas.

6) Los Nefilim debido a su contacto con los humanos, se fueron degenerando tornándose perversos.

7) Los Vigilantes y sus hijos los Nefilim corrompieron toda carne, llenaron la Tierra de violencia *y* **Dios se dolió en su corazón.** Tanto la Atlántida como Lemuria desparecieron por mandato Divino. Las ruinas y vestigios de Mojenho-Daro, Karoo y las arenas vitrificadas del Desierto de Gobi, asi lo atestiguan.

8) El Diluvio sucedió, cuando la Tierra captó en su órbita a la Luna, el planeta gemelo de Marte. El calendario solar de Tiahuanaco asi lo atestigua. En aquella época el año duraba 290 días y antes del Diluvio los hombres vivían más tiempo.

9) Existió una pérdida de memoria colectiva con el hundimiento de Lemuria y el Diluvio Universal y el conocimiento acumulado hasta allí fue borrado.

10) Los monumentos antediluvianos dan testimonio por sí mismos que fueron hechos por una raza con esencia divina –tal y como lo afirman Platón, la Biblia y el "Libro de Enoc-: una mezcla de ángel y humano.

11) ¿Cómo los hicieron? Nadie lo sabe ni lo sabrá nunca.

12) ¿Cuánto tiempo duraron haciéndolos? La respuesta elude a los sabios y a los más cultos. Pudo haber sido en un instante o durante muchísimos años.

13) Una de las grandes obras de ingeniería de la antigüedad realizada por los Nefilim fue quizás el estrecho de Gibraltar.

14) Antes del Diluvio, la Tierra estaba literalmente superpoblada y llena de violencia.

15) Existen decenas de civilizaciones sumergidas en el fondo del mar, las cuales pueden verse con la fotografía satelital.

16) La Atlántida existió como puede verse en el fondo del mar, en la zona del Archipiélago de las Islas Azores. Lemuria también existió y de ella quedaron vestigios, algunos de los cuales fueron descubiertos con el Tsunami que azotó el sur de la India en el año 2004.

BREVE SEMBLANZA DEL AUTOR

SANTIAGO MARTÍNEZ CONCHA

Es un católico convencido investido con Orden del Capitulo Hispano Americano de Caballeros del Corpus Christi en Toledo. Es el autor de más de 40 libros entre los cuales se encuentran: La Conexión Atlante, Villegas Editores, -Latino Book Award 2005 en la Feria Internacional del Libro en Chicago, USA, El Secreto del Shū, Arte2 Gráfico, 1986. La Virgen de Guadalupe, Editorial Norma, 1988. El libro de los gigantes (5 tomos) 2001, 2002. El Efecto Mandrágora, Cangrejo Editores, 2005. EL Lio de la Madonna, Editorial Grijalbo 2008. (Random-House-Mondadori). CODEX, 4ª edición, Cangrejo Editores, 2006. Bogotá Dibujos en luz y sombra, vol 1 y 2 Cangrejo Editores, 2012/3. El péndulo, Amazon/Kindle 2018. 2019. BOLÍVAR, La reinvención de un continente, Amazon/Kindle 2020. EL ángel y la cebolla, Amazon/Kindle, 2019. La canción de la tierra, 2020. etc. Actualmente prepara otros tres

EL AUTOR

www.ingramcontent.com/pod-product-compliance
Lightning Source LLC
Chambersburg PA
CBHW040056250526
45473CB00043B/728